油田测控系统

维修案例

大庆油田第四采油厂　编著

石油工业出版社

内容提要

本书系统地介绍了测控系统分类、功能及测控系统常见故障处理方法；测控系统感知层故障诊断与维修方法，重点介绍了旋进旋涡流量计、涡街流量计、电磁流量计、刮板和腰轮流量计、压力检测仪表、温度检测仪表等油田常见仪表故障判断及维修方法；测控系统控制层故障诊断与维修方法，依据故障类型以案例形式讲解AB PLC、GE PLC 和 OPTO 等系统故障现象及解决方法；测控系统执行层故障判断及维修方法，重点介绍电动调节阀、气动调节阀和变频器控制部分维修案例分析。

本书可供一线运维操作人员参考和借鉴。

图书在版编目（CIP）数据

油田测控系统维修案例 / 大庆油田第四采油厂编著

.—北京：石油工业出版社，2020.12

　　ISBN 978-7-5183-4421-5

　　Ⅰ.①油… Ⅱ.①大… Ⅲ.①油田 – 自动检测系统 –维修 – 案例 Ⅳ.① TE319

中国版本图书馆 CIP 数据核字（2020）第 246002 号

出版发行：石油工业出版社

　　　　　（北京安定门外安华里 2 区 1 号　　100011）

　　　　　网　　址：www.petropub.com

　　　　　编辑部：（010）64523541

　　　　　图书营销中心：（010）64523633

经　　销：全国新华书店

印　　刷：北京中石油彩色印刷有限责任公司

2020 年 12 月第 1 版　　2020 年 12 月第 1 次印刷

880×1230 毫米　　开本：1/32　　印张：6.25

字数：160 千字

定价：58.00 元

《油田测控系统维修案例》

编 委 会

《油田测控系统维修案例》
编 写 组

主　　编：李金玲　　陈　立　　张兴波

副主编：宋伟强　　段贵权　　张见录　　鲍庆山

成　　员：王洪洋　　周君璞　　刘红广　　张文超　　安丰媛

闫俊峰　　王晓宇　　王建利　　王世环　　田大伟

车　晶　　张　楠　　蒋　容　　姜雨华　　任　健

高　静　　何　庆　　张庆峰　　郭婷婷　　王　红

李石顿　　王艳梅　　何文波　　赵起超

　　测控系统是以检测为基础，以传输为途径，以处理为手段，以控制为目的的闭环系统，是油田生产运行的重要组成部分。测控系统为油田高效开发、节能降耗、安全生产、减轻员工劳动强度、提高工作效率和管理水平提供了可靠的保障。随着生产过程逐步向自动化方向发展，特别是随着数字油田、智能油田、智慧油田建设的推进，油田站库将逐步实现集中监控、无人值守，测控系统在油田生产中应用规模会越来越广，作用也越来越重要，其一旦出现故障，对原油的生产及站场安全均有重大影响，因此及时准确判断故障部位，排除隐患，对油田安全、平稳生产具有重要意义。

　　大庆油田第四采油厂多年以来，持续攻关测控系统开发和维护技术，先后自主开发了转油站、污水站、注入站、联合站等站库测控系统，锻炼培养了一批技术力量，具备了自主开发站库测控系统的能力，实现了测控系统自主维修维护，有力地保证了开发生产。

　　由于油田测控系统运行维护专业性较强，基层管理人员、技术人员和运维人员测控专业知识不足，导致出现故障时不能及时有效处理，进而影响了测控系统的运行效率。为使生产一线运维人员能够熟练操作测控系统，准确判断故障部位，快速维修测控系统，我厂组织具有理论功底和丰富经验的技术人员，总结多年来在测控系统运行维护中的实际案例，编写了《油田测控系统维修案例》。本书共分四个部分：第一部分介绍测控系统分类、功能及测控系统常见故障处理方法；第二部分叙述测控系统感知层故障诊断与维修方法，重点叙述旋进旋涡流量计、涡街流量计、电磁流量计、刮板和腰轮流量计、压力检测仪表、温度检测仪表等油田常见仪表故障判断及维修方法；第三部分叙述测控系统控制层故障诊断与维修方法，依据故障类型以案例形式讲解 AB PLC、GE PLC 和 OPTO 等系统故障现象及解决方法；第四部分讲解测控系统执行层故障判断及维修方法，重点介绍电动调节阀、气动调节阀和变频器控制部分维修案例分析。

本书案例均来自大庆油田第四采油厂测控系统运维工作实践，对一线运维操作具有较强的参考性和借鉴性，适用于油田站库维护人员、技术人员、管理人员及从事仪表及测控系统开发维护人员。

由于编者水平有限，书中难免有错误、疏漏和不妥之处，敬请读者不吝指正。

1 测控系统基础

自动控制技术在各行业的应用越来越广泛，为紧跟信息化的时代趋势以及大庆油田推进数字化建设的步伐，实施"数字油田、智能油田、智慧油田"三步走的战略，加速油田数字化建设已成为当下油田振兴新发展的重要实现途径。各类站库测控系统的全面改造与投用显得越发重要与迫切。测控系统不是一个独立的设备，而是涉及仪表、变频器、PLC、人机界面、执行机构等多领域相结合的自动控制系统。

本章主要讲解油田测控系统的分类、PLC 控制系统和测控系统常见故障处理方法。

1.1 油田测控系统分类

测控系统是指安装在联合站、中转站和注入站等地面站库，用于集中显示现场生产数据、远程控制现场执行器、对超限信号进行报警提示的控制系统。

测控系统包含两个方面，即一方面是"测"另一方面是"控"。"测"是对被测对象中的一些物理量进行测量并获得相应的测量数据；"控"则是依靠现代计算机的计算处理能力，根据数据得出相应结果，通过反馈等方式控制整个系统。

油田测控系统按功能可分为前端感知层、中端控制层和末端执行层三部分。其中前端感知层是测控系统的眼睛，包括气体旋进旋涡流量计、电磁流量计、温度变送器、压力变送器、差压变送器和液位传感器等。通过感知层的各类仪表可实时掌握现场数据，并将各种生产参数采集至控制层，为控制层的运算提供数据支撑。感知层如果出现故障，测控系统将无法监测现场生产参数。

中端控制层主要由 PLC 控制系统和上位机组成。PLC 是在传统的顺序控制器的基础上引入了微电子技术、计算机技术、自动控制技术和通信技术而形成的工业控制装置，目的是用来取代继电器、执行逻辑、记时、计数等顺序控制功能，建立柔性的远程控制系统。具有通用性强、使用方便、适应面广、可靠性高、抗干扰能力强、编程简单等特点。上位机是指可以直接发出操控命令的计算机，一般安装组态软件，实时显示各种操作按钮及信号变化（如液位、压力、温度等），操作人员根据生产需求发出控制指令。PLC 系统将计算机（上位机）发出的指令解释成相应时序信号直接控制相应设备。

执行层是测控系统的执行单元，将控制层发出的调节指令精准的实施到所在的工艺流程，执行层一但发生故障将导致工艺流程失去控制，引发生产事故，因此保持控制层的稳定是维修维护的重要任务。常见的执行机构有电动调节阀、气动调节阀和变频器等。

测控系统在油田按站库类别可分为联合站测控系统、中转站测控系统、注入站测控系统和注水站测控系统（图 1.1.1）。

杏北油田测控系统以控制器类型分类可以分为：AB PLC 系统、SIEMENS PLC 系统、TDCS 系统和 GE PLC 系统等（图 1.1.2）。

油田测控系统主要有以下功能：

（1）测量。在生产过程中，被测参数分为非电量参数与电量参数。常见的非电量参数有位移、液位、压力、转速、扭矩、流量和温度等，常见的电量参数有电压、电流、功率、电阻、电容和电感等。非电量参数可以通过各种类型的传感器转换成电量信号输出。

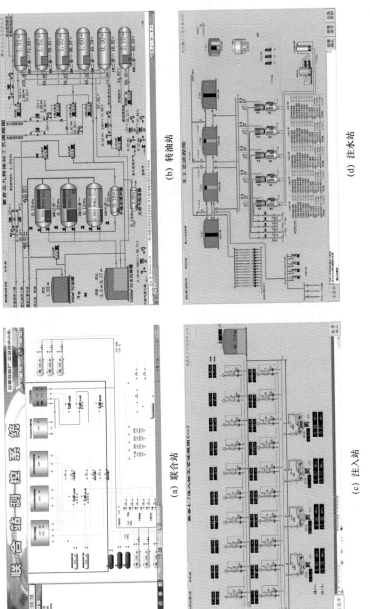

(a) 联合站　　(b) 转油站　　(c) 注入站　　(d) 注水站

图 1.1.1　测控系统界面

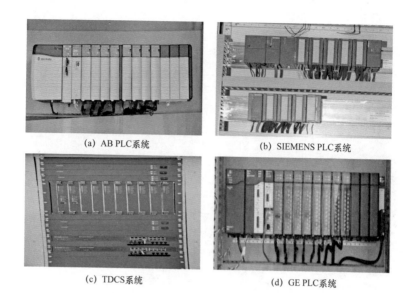

(a) AB PLC系统　　　　　　(b) SIEMENS PLC系统

(c) TDCS系统　　　　　　(d) GE PLC系统

图 1.1.2　测控系统控制器类型

　　测量过程通过传感器获取被测物理量的电信号或控制过程的状态信息，通过串行或并行接口接收数字信息。在测量过程中，计算机周期性地对被测信号进行采集，把电信号通过 A/D 转换成等效的数字量。输入信号经线性化处理、噪声数字滤波、平方根处理等信号处理后保持与输入信号一致。

　　为了检查生产装置是否处于安全工作状态，对大多数测量值还必须检查是否超过上、下限值，如果超过，则应发出报警信号，超限报警是过程控制计算机的一项重要任务。

　　（2）执行机构的驱动。对生产装置的控制通常是通过对执行机构进行调节、控制来达到目的的。计算机可以直接产生信号去驱动执行机构达到所需要的位置，也可通过 A/D 产生一个正比于某设定值的电压或电流去驱动执行机构，执行机构在收到控制信号之后，通常还要反馈一个测量信号给计算机，以便检查控制命令是否已被执行。

（3）控制。利用计算机控制系统可以方便地实现各种控制方案。在工业过程控制系统中常用的控制方案有三种类型：直接数字控制（DDC）、顺序控制和监督控制（SPC）。大多数生产过程的控制需要其中一种或几种控制方案的组合。

（4）人机交互。控制系统必须为操作员提供关于被控过程和控制系统本身运行情况的全部信息，为操作员直观地进行操作提供各种手段，应当能显示各种信息和画面，打印各种记录，通过专用键盘对被控过程进行操作等。例如改变设定值、手动调节各种执行机构、在发生报警的情况下进行处理等。

此外，控制系统还必须为管理人员和工程师提供各种信息，例如生产装置每天的工作记录以及历史情况的记录，各种分析报表等，以便掌握生产过程的状况和做出改进生产状况的各种决策。

（5）通信。现今的工业过程控制系统一般都采用分组分散式结构，即由多台计算机组成计算机网络，共同完成上述的各种任务。因此，各级计算机之间必须能实时地交换信息。此外，有时生产过程控制系统还需要与其他计算机系统（例如：全单位的综合信息管理系统）之间进行数据通信。

1.2　PLC 控制系统

测控系统控制层负责对现场采集数据的处理及控制命令的发出，是测控系统的大脑和指令中枢，一般采用可编程逻辑控制器（PLC）或离散控制系统（DCS）。主要由上位控制计算机、输入单元、输出单元、电源管理组件、CPU、通信单元、拓展功能模块及相关电路原件组成。杏北油田测控系统主要以 PLC 系统作为控制层的处理核心。

1.2.1 PLC 的工作原理

可编程逻辑控制器简称 PLC，基于电子计算机技术发展而来。PLC 的"测""控"功能依靠数据的输入及输出来实现，输入输出信息变换靠运行存储于 PLC 内存中的程序实现。PLC 程序既有生产厂家的系统程序（不可更改），又有用户自行开发的应用（用户）程序。系统程序提供运行平台，同时，还为 PLC 程序可靠运行及信号与信息转换进行必要的公共处理。用户程序由程序开发人员依据生产工艺流程设计，满足生产需求。

各项生产参数的采集及控制命令的输出的物理实现，主要依靠输入（INPUT）及输出（OUTPUT）电路。PLC 的 I/O 电路，都经过专门设计。输入电路要对输入信号进行滤波，以去掉高频干扰。而且与内部计算机电路在电上是隔离的，靠光耦元件建立联系。输出电路内外也是电隔离的，靠光耦元件或输出继电器建立联系。输出电路还要进行功率放大，以带动一般的工业控制元器件，如电磁阀、接触器等。I/O 电路种类多种多样，每一输入点或输出点都要有一个 I 或 O 电路。PLC 有多少 I/O 点，一般也就有多少个 I/O 电路。由于它们都是由高度集成化的电路组成的，所以所占体积并不大。输入电路时刻监视着输入状况，并将其暂存于输入暂存器中。每一输入点都有一个对应的存储其信息的暂存器。输出电路要把输出锁存器的信息传送给输出点。输出锁存器与输出点也是一一对应的，这里的输入暂存器及输出锁存器实际就是 PLC 处理器 I/O 点的寄存器。它们与计算机内存交换信息通过计算机总线，并主要由运行的系统程序实现。把输入暂存器的信息读到 PLC 的内存中，称输入刷新，PLC 内存有专门开辟的存放输入信息的映射区，这个区的每一对应位（bit）称为输入继电器。这些位置成 1，表示接点通，置成 0 为接点断。由于它的状态是由输入刷新得到的，所以，它反映的就是输入状态。

输出锁存器与 PLC 内存中的输出映射区也是对应的。一个输出锁存器有一个内存位（bit）与其对应，这个位称为输出继电器，或称输出线圈。通过运行系统程序将输出继电器的状态映射到输出锁存器中，这个映射也称输出刷新。输出刷新主要是靠运行系统程序实现的。这样，用户所要编的程序只是内存中输入映射区到输出映射区的变换，特别是怎么按输入的时序变换成输出的时序。

综上所述，PLC 实现控制的过程是：输入刷新—再运行用户程序—再输出刷新—再输入刷新—再运行用户程序—再输出刷新……永不停止地循环反复地进行着，除了执行用户程序之外，在每次循环过程中，PLC 还要完成内部处理、通信服务等工作。当 PLC 运行时，一次循环可分为 5 个阶段：内部处理、通信服务、输入处理、程序处理和输出处理。PLC 的这种周而复始的循环工作方式称为扫描工作方式。图 1.2.1 所示为 PLC 程序执行示意图。

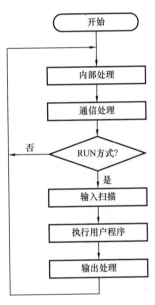

图 1.2.1　PLC 程序执行示意图

1.2.2　PLC 控制系统的基本结构

以 SIEMENS PLC 控制系统的控制柜（图 1.2.2）为例进行介绍，该设备主要由 PLC 系统（SIEMENS）、电源开关、电压转换模块、安全栅及接线端子等组成。

PLC 系统（SIEMENS）主要由以下 7 部分组成（图 1.2.3）：

（1）电源模块（PS），为整个 PLC 系统供电。

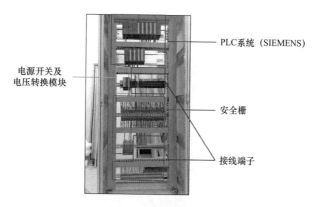

图 1.2.2　SIEMENS PLC 控制系统的控制柜示意图

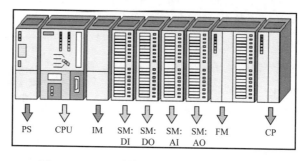

图 1.2.3　PLC 系统（SIEMENS）结构示意图

（2）中央处理器（CPU），数据运算和控制（PLC 的核心）。

（3）信号模块（SM），采集信号、发出信号。

（4）功能模块（FM），采集特殊信号，如脉冲信号等。

（5）通信模块（CP），与工控机（或触摸屏）进行通信。

（6）接口模块（IM），用于设备扩展。

（7）导轨，"连接"上述各功能模块。

1.2.3　PLC 控制系统的主要特点

PLC 控制系统是一种采用可编程的存储器，用于其内部存储程序，执行逻辑运算、顺序控制、定时、计数与算术操作等面向用户的指令，并通过数字或模拟式输入/输出控制各种类型的机械或生产过程。与传统式继电器相比，在功能方面具有如下特点：

（1）使用方便，编程简单。采用简明的梯形图、逻辑图或语句表等编程语言，而无需计算机知识，因此系统开发周期短，现场调试容易。另外，可在线修改程序，改变控制方案而不拆动硬件。

（2）功能强，性能价格比高。一台小型 PLC 内有成百上千个可供用户使用的编程元件，有很强的功能，可以实现非常复杂的控制功能。它与相同功能的继电器系统相比，具有很高的性能价格比。PLC 可以通过通信联网，实现分散控制，集中管理。

（3）硬件配套齐全，用户使用方便，适应性强。PLC 产品已经标准化、系列化、模块化，配备有品种齐全的各种硬件装置供用户选用，用户能灵活方便地进行系统配置，组成不同功能、不同规模的系统。PLC 的安装接线也很方便，一般用接线端子连接外部接线。PLC 有较强的带负载能力，可以直接驱动一般的电磁阀和小型交流接触器。

（4）可靠性高，抗干扰能力强。传统的继电器控制系统使用了大量的中间继电器和时间继电器，由于触点接触不良，容易出现故障。PLC 用软件代替大量的中间继电器和时间继电器，仅剩下与输入和输出有关的少量硬件元件，接线可减少到继电器控制系统的 1/10~1/100，因触点接触不良造成的故障大为减少。PLC 采取了一系列硬件和软件抗干扰措施，具有很强的抗干扰能力，平均无故障时间达到数万小时以上，可以直接用于有强烈干扰的工业生产现场，PLC 已被广大用户公认为最可靠的工业控制设备之一。

（5）系统的设计、安装、调试工作量少。PLC 的梯形图程序一般采用顺序控制设计法来设计。这种编程方法很有规律，很容易掌握。对于复杂的控制系统，设计梯形图的时间比设计相同功能的继电器系统电路图的时间要少得多。

PLC 的用户程序可以在实验室模拟调试，输入信号用小开关来模拟，通过 PLC 上的发光二极管可观察输出信号的状态。完成了系统的安装和接线后，在现场的统调过程中发现的问题一般通过修改程序就可以解决，系统的调试时间比继电器系统少得多。

（6）维修工作量小，维修方便。PLC 的故障率很低，且有完善的自诊断和显示功能。PLC 或外部的输入装置和执行机构发生故障时，可以根据 PLC 上的发光二极管或编程器提供的信息迅速地查明故障的原因，用更换模块的方法可以迅速地排除故障。

1.3　测控系统常见故障处理方法

测控系统站库类别多、种类繁杂，测控系统故障形式也各不相同。当出现故障时，需要测控运维现场分析故障发生原因，查找解决手段，排除故障。

为了便于初学人员掌握测控维修技术，在多年维修经验基础上，总结了根据故障位置及现象快速查找故障原因方法。

（1）上位机显示单路仪表数据故障。

① 检查仪表和安全栅及信号电缆等硬件设备是否故障，排除硬件故障；

② 检查计算机软件设置的仪表量程是否正确，检查计算机显示是否为科学记数法或负值；

③ 如显示科学记数法（如 9E-3）则属于数值超出设计显示长度，需修改计算机显示该数值的长度；

④ 如流量仪表显示变为负值且累计值递减，则说明仪表底数超出计算机设计计量上限，需将仪表底数清零；

⑤ 如计算机显示为 0 而现场不为 0 时，说明该数据对应模块

通道可能故障，需将通道进行更换。

（2）上位机多台仪表显示同时故障。

① 排除是否仪表、安全栅、485 数据总线及电源、信号电缆故障；

② 检查数据采集模块（如模拟量输入、485 总线分配器及485 数据终端等）工作指示灯是否正常；

③ 如出现红灯闪烁或指示灯熄灭等不正常状态时，查找故障原因，利用重启模块、在线清除故障代码或更换故障模块等措施排除故障；

④ 如模块工作指示灯正常，需检查计算机软件内对应程序是否在启动状态；

⑤ 如软件及硬件工作均正常，请逐一检查故障仪表对应模块通道采集情况。

（3）上位机全部数据均无显示或均为 0。

① 检查 PLC 系统供电、PLC 运行状态、现场仪表供电；

② PLC 通信模块、计算机网卡、交换机或网线存在故障，需一一排查；

③ 计算机软件数据库配置设置丢失，需重新建立数据库；

④ PLC 系统 CPU 故障或因断电等情况导致的 PLC 存储器内程序丢失，需更换硬件或重新下载控制程序；

⑤ 计算机中与测控系统相关程序可能未在启动状态。

② 测控系统感知层的故障诊断与维修

测控系统感知层由各类检测仪表组成，实时监测生产运行参数，在油田生产中发挥重要作用。当仪表显示出现异常现象（指示偏高、偏低，不变化，不稳定等），本身包含两种因素：一是工艺因素，仪表正确地反映出工艺异常情况；二是仪表因素，由于仪表（测量系统）某一环节出现故障而导致工艺参数指示与实际不符。这两种因素总是混淆在一起，很难马上判断出故障到底出现在哪里。测控维护人员要提高仪表故障判断能力，除了对仪表工作原理、结构、性能特点熟悉外，还需熟悉测量系统中每一个环节，同时，对工艺流程及工艺介质的特性、设备的特性都有所了解，这能帮助测控维护人员拓展思路，有助于分析和判断故障现象。

本章主要讲解油田常用感知层仪表故障判断及维修方法。

2.1 旋进漩涡流量计故障判断及维修方法

旋进漩涡流量计由表头、传感器、漩涡发生体、腔体等组成。当气流进入流量传感器入口时，经过螺旋型的漩涡发生体产生旋转，形成漩涡流，经过扩散段时漩涡流因回流作用被迫二次旋转，此时它的旋转频率与气体流速呈正向线性关系，两个压电传感器检测到的电荷信号通过前置放大器转换为与流速呈正比的脉冲信号，然后再与温度和压力等检测信号一起传送至微处理器，最后在液晶屏上显示出测量结果（瞬时流量、累计流量及温度、压力数据）。

　　旋进漩涡流量计在油田主要用于天然气计量，其常见故障现象及表现形式主要有以下7类，具体故障表现及判断解决办法如下：

　　（1）转换器无瞬时流量。当表头液晶显示仪无瞬时流量显示时，可能有两种设备故障：流量传感器的前置放大器损坏和流量传感器损坏，其维修方法如下：

　　① 流量传感器的前置放大器损坏。

　　维修方法：将两个流量传感器接头及放大器与主板的接头拔下，更换新的放大器（图2.1.1）。

　　② 流量传感器损坏。

　　维修方法：

　　第一步，将表体拆开（图2.1.2）；

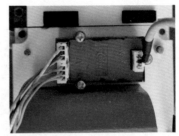

图 2.1.1　前置放大器

流量传感器

图 2.1.2　流量计拆解图

　　第二步，将流量传感器的通信线从线束上拆下来；

　　第三步，将其中一个流量传感器从表体上拆下来；

　　第四步，安装新的流量传感器；

　　第五步，现场测试该表是否正常，若不正常，更换另一个流量传感器（注：两个流量传感器规格相同）。

　　（2）表头液晶显示屏压力显示异常。

　　表头液晶显示屏压力闪烁或不显示，主要原因有以下三种：

① 压力放大器接触不牢。

a. 判断方法：检查转换器各接线是否松动，若有松动，重新接线。

b. 维修方法：将与压力放大器连接的相关部件接好紧固（图2.1.3）。

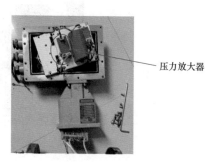

压力放大器

图2.1.3　压力放大器

② 压力检测口堵死。

a. 判断方法：检定过程中压力不变化。

b. 维修步骤：

第一步，将表体拆开；

第二步，将压力传感器与线束的接线拆下；

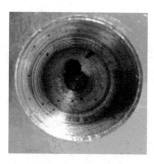

第三步，将压力传感器从表体上拆下；

第四步，检查压力检测口是否有堵死情况，若堵死则将压力口（图2.1.4）通开。

③ 压力传感器损坏。

a. 判断方法：排除掉压力传感器接触不牢和压力口堵死的原因后，若仍不正常，则判断为压力传感器损坏。

图2.1.4　压力检测口

b.维修步骤：

第一步，将表体拆开；

第二步，将压力传感器、温度传感器从压力放大器上拔下，将压力放大器从主板上拔下；

第三步，将压力传感器与线束的接线拆下；

第四步，将压力传感器从表体上拆下；

第五步，更换新的压力传感器及对应的压力放大器（注：压力传感器必须跟与其对应的压力放大器同时更换）。

（3）表头液晶显示屏温度显示异常。表头液晶显示屏温度不显示或显示错误，主要原因有以下两种：

① 温度传感器接触不牢。

a.判断方法：检查转换器处各接线是否松动，若有松动，重新接线。

b.维修方法：将与温度传感器连接的相关部件紧固。

② 温度传感器损坏。

a.判断方法：检查接线无问题若仍不正常，则可判断温度传感器损坏。

b.维修步骤：

第一步，将表体拆开；

第二步，将温度传感器与线束的接线拆下；

第三步，将温度传感器从表体上拆下；

第四步，更换新的温度传感器。

（4）表头无脉冲输出。表头在正常计量过程中如果脉冲端子无脉冲输出，主要原因有以下两种：

① 外接电源断电或电源线接错。

a.判断方法：用万用表直流电压档测量外电源信号，无24V显示。

b.维修方法：正确供电。

② 表内参数错。

维修步骤：通过按表头内部修改键、设置键，输入该气体流量计正确密码，修改表内参数。

（5）旋涡发生体破损。旋涡发生体（图 2.1.5）安装在表体内，仪表拆卸后，可目测检测发生体是否破损，发生体破损维修方法如下：将破损的旋涡发生体卸下来，再选择同型号的装上去。

图 2.1.5　旋涡发生体

（6）表体无气体通过时有流量显示。流量传感器的前置放大器损坏时会出现无天然气通过表体，但表头液晶显示屏有流量显示情况，维修方法为更换流量传感器的前置放大器。

（7）示值误差或重复性误差超差。在仪表检定过程中，气体流量计会出现示值误差或重复性误差超差情况，其主要原因有以下两种：

① 旋涡发生体破损或部分堵塞。

a. 判断方法：检定的示值误差通常大于 10%。

b. 维修方法：更换或清洗旋涡发生体。

② 表线性差。

a. 维修方法：仪表系数分段调整，只适用于示值误差小于 10% 的表。

b. 维修步骤：

第一步，打开表盖；

第二步，进入仪表系数设置界面，输入仪表密码；

第三步，按仪表设置键，进入瞬时流量非线性修正界面，可以对流量点进行非线性修正，且流量值必须按从小到大的顺序修正；

第四步，其他流量点设置方法同上。

2.2 涡街流量计故障判断及维修方法

涡街流量计是根据卡门涡街原理测量气体、蒸汽或液体的体积流量、标况的体积流量或质量流量的体积流量计，可作为流量变送器应用于自动化控制系统中。

涡街流量计其常见故障现象主要有 6 类，具体故障原因及解决方法如下：

（1）接通电源后无输出信号。

原因分析：

①管道无介质流动或流量低于始动流量；

②前置放大器与输出线虚接或断开（图 2.2.1）；

③前置放大器损坏（积算仪不计数，瞬时值为"0"）；

④驱动放大器电路损坏（积算仪显数正常）。

图 2.2.1　前置放大器输出线断开

解决方法：

① 提高介质流量或者换用更小通径的流量计，使其满足流量范围的要求；

② 正确接线；

③ 更换前置放大器；

④ 更换驱动放大器中损坏的元件。

（2）无流量时有信号输出。

原因分析：

① 流量计接地不良及强电和其他地线接线受干扰；

② 放大器灵敏度过高或产生自激；

③ 电池电压低或无电（图 2.2.2）。

解决方法：

① 正确接好地线，排除干扰；

② 更换前置放大器；

③ 更换电池。

图 2.2.2　电池电压低

（3）瞬时流量示值显示不稳定。

原因分析：

① 介质流量不稳；

② 放大器灵敏度过高或过低，有多计、漏计脉冲现象；

③ 壳体（图 2.2.3）内有杂物；

④ 接地不良；

⑤ 流量低于下限值；

⑥ 后部密封圈伸入管道，形成扰动。

解决方法：

① 待流量稳定后再测；

② 更换前置放大器；

③ 排除脏物；

④ 检查接地线路，使之正常。

（4）累计流量示值和实际累积量不符。

原因分析：

① 流量计仪表系数（图 2.2.4）输入不正确；

② 正常使用流量低于或高于选用流量计的正常流量范围；

③ 流量计本身超差。

解决方法：

① 重新标定后输入正确仪表系数；

② 调整管道流量使其正常或选用合适规格的流量计；

图 2.2.3　涡街流量计壳体　　　图 2.2.4　流量计系数显示

③重新标定。

（5）转换器显示不正常。

原因分析：转换器按键接触不良或按键锁死。

解决方法：更换按键。

（6）换新电池后出现死机。

原因分析：上电复位电路不正常或振荡电路不起振。

排除方法：重装电池（需放点5s后重装）或将电池盒下的大电解电容两脚短路放电复位。

2.3　电磁流量计故障判断及维修方法

电磁流量计主要由磁路系统、测量导管、电极、外壳、衬里和转换器等部分组成。在电磁流量计中，上下两端的两个电磁线圈产生恒定磁场，当有导电介质流过时，则会产生感应电势，管道内部的两个电极测量产生的电势 E，传送到转换器，经放大，变换滤波等信号处理后，显示瞬时流量和累积流量。

电磁流量计其常见故障现象及表现形式主要有4类，具体故障表现及判断解决办法如下：

（1）仪表无显示。

①电源未接通。

维修方法：连接仪表电源（电磁流量计电源为220V AC或24V DC，直流电源注意极性）。

②保险管熔断。

维修方法：更换保险管。

③电源板故障（图2.3.1）。

a. 判断方法：保险管完好的情况下，接通电源后仪表仍无显示。

b. 维修方法：按生产厂家及相应型号更换电源板（图2.3.1）。

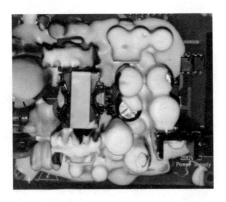

图 2.3.1　电磁流量计电源板示意图

（2）在给定流量后，流量计瞬时为零。

① 励磁线圈及探头线未接好。

维修方法：将表体内的励磁线圈及探头线接好。

② 励磁线圈损坏。

判断方法：拔出电源板励磁线圈供电接口，使用万用表检测励磁线圈电阻，正常值电阻应为 $50\sim60\Omega$，短路及断路判断为励磁线圈故障，仪表无修复价值。

③ 探头损坏。

判断方法：取下主板上的探头插槽，分别检测两个探头通断，如断路则表示探头损坏，仪表无修复价值。

④ 主板故障。

a. 判断方法：上述检查项目均无问题，仍不走量，则为主板故障（图 2.3.2）。

b. 维修方法：按生产厂家及相应型号更换主板。

（3）测量的流量不准确。

① 参数设置不正确。

a. 判断方法：送电后，仪表的铭牌数据（如口径、量程范围、仪表系数等）和表内参数设置不一致。

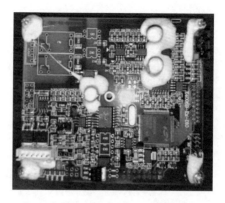

图 2.3.2　电磁流量计表内主板示意图

b. 维修方法：将错误的改正。

② 仪表参数需调整。

a. 判断方法：在表内参数均与铭牌数据一致的情况下，测量的流量仍不准确，则需调整仪表参数。

b. 维修方法：零点修正按实际显示流量增减修正值使无流量时显示为零；调整阻尼时间（一般为 15s 左右）正确反映流量变化；调整传感器系数（按检定系数进行置入）等。调整完毕后，设置流量，重复检定，直到流量显示准确。

（4）励磁报警。

维修方法：

① 检查励磁接线 EX1 和 EX2 是否开路。

② 检查传感器励磁线圈总电阻是否小于 150Ω。

③ 如果①和②两项都正常，则为转换器有故障。

（5）空管报警。

维修方法：

① 测量流体是否充满传感器测量管。

② 用导线将传感器信号输入端子 SIG1，SIG2 和 SIGGND 三点短路，此时如果"空管"提示撤销，说明转换器正常，有可能

是被测流体电导率低或空管阈值设置错误。

③ 检查信号连线是否正确。

④ 检查传感器电极是否正常。

a. 使流量为零，观察显示电导比应小于 100%；

b. 在有流量的情况下，分别测量端子 SIG1 和 SIG2 对 SIGGND 的电阻应小于 50kΩ（对介质为水测量值，最好用指针万用表测量，并可看到测量过程有充放电现象）。

⑤ 用万用表测量 DS1 和 DS2 之间的直流电压应小于 1V，否则说明传感器电极被污染，应给予清洗。

2.4　刮板流量计故障判断及维修方法

刮板流量计是一种容积式流量测量仪表，用以测量封闭管道中流体的体积流量。流量计不但可以现场显示累积流量，与相应的光电式脉冲转换器和流量计算仪配套使用的远传输出接口，还可进行准确的远程测量、显示和控制。油田在用的刮板流量计包括橡皮刮板流量计和金属刮板流量计，主要用于转油站、联合站外输油计量。

2.4.1　橡皮刮板流量计

橡皮刮板流量计其常见故障现象及表现形式主要有 3 类，具体故障表现及判断解决办法如下：

（1）流量计表头计数器不转。

① 先判断是否计数器损坏，把计数器拿下来后，用手转动计数器后面的齿轮，若转不动或正面的计数器发卡，则为计数器损坏，应更换计数器（图 2.4.1）。

② 若计数器正常转动，则可能是内磁钢或外磁钢消磁。

a. 判断是否外磁钢消磁，拿下外磁钢放在检定装置的金属架

(a) 计数器正面　　　　　　　　　　(b) 计数器背面

图 2.4.1　刮板流量计计数器

上，若吸力较小，则为外磁钢消磁，更换外磁钢，更换外磁钢时注意磁钢的型号。

　　b. 若外磁钢磁性正常，则要检查内磁钢，在线拆内磁钢时注意要关闭油的进口阀门并进行扫线，反向旋转丝扣拆下内磁钢，若内磁钢磁性较小，则内磁钢消磁，更换内磁钢。有时根据故障情况需要同时更换内外磁钢（图 2.4.2）。

(a) 外磁钢　　　　　　　　　　(b) 内磁钢

图 2.4.2　橡皮刮板流量计表内磁钢示意图

　　③ 若不是上述两种原因则可能刮板卡在腔体内，需打开腔体查看原因。

　　a. 若是原油凝固导致不转，则清理原油；

　　b. 若是刮板变形或腔体内的密封条变形导致刮板卡住，则更换刮板或腔体内的密封条（图 2.4.3）。

(a) 25mm口径刮板

(b) 50mm口径刮板

(c) 刮板腔体内的密封条

图 2.4.3　橡皮刮板流量计表内腔体示意图

（2）信号无法远传。

流量计信号无法远传，在排除电路故障情况下，有可能是计数器下磁钢消磁或脱落造成的，需要拆御计数器检查磁钢。如果计数器下面的磁钢上的磁块消磁或 4 个磁块有脱落，则更换计数器（图 2.4.4）。

(a) 磁钢正常

(b) 磁钢脱落

图 2.4.4　磁钢和磁块示意图

（3）流量计计量误差大。

① 在现场使用时刮板流量计计量的数值与实际相比误差较大，检查内磁钢或外磁钢是否退磁，若退磁则更换内磁钢或外磁钢（图 2.4.5）。

(a) 外磁钢   (b) 内磁钢

图 2.4.5　磁钢示意图

② 若磁钢无故障，则打开后盖，检查刮板和腔体的密封条是否完好，若密封条变形或损坏，漏失量大，导致计量的量减少，则更换密封条；若刮板变形，则更换刮板。

2.4.2　金属刮板流量计

金属刮板流量计属于容积型流量计，由主腔体、齿轮组、精度修正器和表头等部分组成。金属刮板流量计常见故障分析及维修方法如下：

（1）卡簧断裂和拨杆脱落故障维修。转子上部拨叉（图2.4.6）与表头底部沟槽对接，卡簧必须卡在槽内，防止脱落，卡簧一旦断裂，拨杆就会掉出来，造成表头与转子脱离，表头出现不走字。卡簧长时间磨损、腐蚀造成断裂。

维修方法：更换新卡簧。用专用钳子夹住卡簧，放入卡槽内，固定拨杆，连接表头与转子拨杆，即可恢复计量。

（2）齿轮箱齿轮磨损。运行过程中齿轮箱（图2.4.7）齿轮磨损严重，没有及时进行润滑保养。表头走字出现不连续或表头卡死。

维修过程：更换一对新齿轮或新齿轮箱，与转子主动齿轮啮合，上紧3个固定螺栓，大法兰槽内抹黄油将O形密封圈放好，上紧大盖，连接表头拨杆。

图 2.4.6　金属刮板流量计拨叉

图 2.4.7　金属刮板流量计齿轮箱

（3）输出齿轮钢销断裂。输出齿轮钢销（图 2.4.8）断裂，造成输出齿轮空转，与齿轮箱齿轮不啮合，表头不走字。

维修过程：取出断裂的废钢销，打通孔眼，更换新钢销，注意钢销有大小头，全部打入孔内，装回原处。

（4）底部端盖上的 6 个硬质合金螺栓磨断。由于腐蚀或磨损原因，经常出现底盖上的 6 条螺栓（图 2.4.9）磨断，造成转子脱离主轴下沉到底部，流量计无法计量。

维修过程：更换 6 条新螺栓，上紧端盖，拧紧内六角螺栓。

图 2.4.8　输出齿轮钢销

图 2.4.9　合金螺栓

（5）转子刮板卡死或破损故障。转子金属刮板（图 2.4.10）由于长时间使用因介质原因会出现卡死或破损，影响流量计计量。

维修过程：更换新的刮板，重新标定流量计。

（6）中心轴固定螺栓导致故障。安装调试中心轴固定螺栓（图 2.4.11）过紧或过松调节过紧，造成转子不转，调节过松转子下沉，干磨底部固定螺栓。

调试过程：第一个螺栓的调试很关键，要一边调一边用双手转动转子，当转子转动起来后能够有惯性自转为佳，然后，再上紧第二个螺栓。

图 2.4.10　流量计金属刮板

图 2.4.11　中心轴固定螺栓

2.5　腰轮流量计故障判断及维修方法

腰轮流量计主要由计量腔、密封联轴器和计数器三部分组成。当被测液体流经计量室时，在流量计的进出口形成压差，腰轮在此压差的推动下旋转。同时通过固定在腰轮轴上的一对驱动齿轮，使两个腰轮保持连续旋转。随着腰轮的转动，液体经由计量室被不断排出流量计。每对流过的液体量是计量室容积的 4 倍，通过密封联轴器、减速机构，将旋转次数减速后传递到计数

图 2.5.1　腰轮转子

器，计数器即指示液体瞬时流量和累积流量。

腰轮流量计在油田主要用于外输原油计量，其常见故障现象及表现形式主要有以下几类，具体故障表现及判断解决办法如下：

（1）表头不转且管线憋压。腰轮流量计是通过腔体内两个腰轮转子（图 2.5.1）转动进行计量的，当进入流量计腔体内液体有杂质时会导致两个转子卡死不动，这时流量计表头停止转动，流量计管线压力升高，此时需将流量计腔体打开，清理腔体内杂质，并检查转子损伤情况，若转子损伤则需更换转子。

（2）表头不转或转得不连续。腰轮转子和齿轮箱通过出轴齿轮（图 2.5.2）连接，应用齿轮销子固定，当出轴齿轮磨损严重或齿轮销子断时，流量计会出现表头不转、表头转得不连续情况，此时需打开流量计腔体更换故障部位即可。

图 2.5.2　出轴齿轮

（3）表头不转。

① 当流量计内齿轮箱（图2.5.3）因长期运行磨损严重时，会出现流量计表头不转故障，此时检查更换流量计齿轮箱即可。

图 2.5.3　齿轮箱

② 当流量计内精度修正器轴承断时，会出现流量计表头不转故障，此时整体更换精度修正器（图2.5.4）。

图 2.5.4　精度修正器

（4）密封联轴器腔室漏油。当密封联轴器（图2.5.5）腔室漏油时检查密封联轴器内密封圈，每个密封联轴器内有4个密封圈，更换破损密封圈。

图 2.5.5　密封联轴器

（5）表头计数器（图 2.5.6）数字进位不正常。机械表头有时会出现计数器数字进位不正常情况，一般是内部数字轮磨损变形导致的，此时需整体更换表头。

图 2.5.6　腰轮流量计表头计数器

（6）脉冲输出异常。流量计脉冲输出是通过光电脉冲转换器（图 2.5.7）实现的，当光电脉冲转换器 24V 供电断电时无脉冲输出，在供电正常情况下光电脉冲转换器有 3 个接线端子输出脉冲，当有 1 路故障时可更换其他端子，更换端子时需与上位机参数设置匹配。当 3 个端子都无脉冲输出时，检查光电脉冲转换器与流量计连接部位是否未连接，若无异常则更换光电脉冲转换器。

图 2.5.7　光电脉冲转换器

2.6　压力检测仪表故障判断及维修方法

压力是油田生产中的重要参数之一，常用的压力检测仪表有指针式压力表、电接点压力表、压力变送器、差压变送器等。一般指针式压力表和电接点压力表都是在现场就在显示、控制电动机启停，不具有数据远传功能，这里不作介绍。压力检测系统一般由压力变送器（差压变送器）、安全栅、显示仪表（PLC 系统）组成。其故障判断及维修方法如下：

（1）线路故障。当出现线路故障时，计算机显示数值出现异常，将压力变送器接线盒（图 2.6.1）打升，检查线路是否存在虚接、短接或者断接的现象，在采用测电源、摇绝缘以及量电阻等方法排查故障。

（2）信号干扰。在进行布线时，多种信号线之间互相干扰，尤其是在动力电缆与信号电缆（图 2.6.2）串在同一管道中产生的干扰作用更为严重，此种情况下会导致变送器信号传输错误。可以通过增大仪表电缆与动力电缆槽架距离的方式来避免此类错误操作。

图 2.6.1　压力变送器接线盒　　图 2.6.2　动力电缆与信号电缆

（3）引压管故障。引压管故障通常有引压管堵塞、引压管漏气、引压管积液三种故障类型，引压堵塞一般是由排放不及时或者介质脏、粘等导致的；引压管漏气是由变送器接电、截止阀等附件较多，增加了泄漏点；引压管积液通常是由于气体取压方式不合理或者引压管安装错误造成的，引压管积液会影响测量精度。图 2.6.3 所示为差压变送器引压管。

（4）输出信号为零。

当压力变送器出现压力为零的现象时，可以从以下几个方面进行处理：首先检查管道内是否存在压力，仪表是否正常供电，之后检查是否存在电源极性接反的现象，最后检查电子线路板、感压膜头、变送器电源电压等。

（5）压力变送器读数偏差。压力变送器出现压力读数明显偏高或偏低的现象时，首先检查取压管路是否存在泄漏现象，再检查取压管上的阀门，对传感器进行微调，若还存在问题，更换新的传感膜头。图 2.6.4 所示为压力变送器传感膜盒。

图 2.6.3　差压变送器引压管

图 2.6.4　压力变送器传感膜盒

（6）上位机数值显示误差。

当压力变送器量程与 PLC 量程设置不一致时，现场与 PLC 显示会有偏差。此时修改 PLC 组态时的量程与仪表量程一致避免出现显示误差。图 2.6.5 所示为上位机量程设置。

图 2.6.5　上位机量程设置

2.7 温度检测仪表故障判断及维修方法

温度检测仪表按测温方式可分为非接触式和接触式两大类。非接触式测温仪表有辐射式、红外线等；接触式测温仪表有膨胀式、压力式、热电偶、热电阻等。由于热电阻是中低温区常用的温度检测仪表，在油田应用较为广泛，多用于现场监测及自动联锁控制系统，在此做重点介绍，而其他几种形式的仪表相对较为简单，而且出现的故障也非常直观，在此就不作介绍。

热电阻是基于金属的电阻值随温度的增加而增加这一特性来进行温度测量的。最常用的是用金属铂和铜制成的，分度号为 Pt100、Pt10 和 Pt50（测温范围为 −200～850℃），Cu50 和 Cu100（测温范围为 −50～150℃）。热电阻测温系统一般是由热电阻、连接导线和显示仪表等组成。热电阻和显示仪表的分度号必须一致，为消除连接导线电阻变化对测温的影响，一般采用三线制接法。

热电阻测温系统常见故障及处理方法：

（1）热电阻短路。应用万用表测量热电阻阻值，当阻值小于 100Ω 接近 0Ω，可确定热电阻短路（图 2.7.1），此时找到短路处查看短路原因，做好绝缘处理即可。

（2）热电阻断路。应用万用表测量热电阻阻值，当阻值为无穷大时，可判定热电阻已断路（图 2.7.2）。断路时修理必须要改变电阻丝的长短而影响电阻值，为此以更换新的电阻体为好，若采用焊接修理，焊接后要校验合格后才能使用。

（3）显示仪表指示值比实际值低或示值不稳。当热电阻保护管（图 2.7.3）内有金属屑、灰尘，接线柱间脏污及热电阻短路（积水等）时会出现此故障。解决办法为除去金属屑，清扫灰尘、水滴等，找到短路点，加强绝缘处理。

图 2.7.1　万用表测电阻短路　　　图 2.7.2　万用表测电阻断路

（4）显示仪表指示无穷大。热电阻或引出线断路及接线端子松动易出现此故障，此时更换电阻体，或焊接及紧固接线端子螺栓。图 2.7.4 所示为热电阻接线盒。

图 2.7.3　热电阻保护管　　　图 2.7.4　热电阻接线盒

（5）阻值与温度关系有变化。当热电阻丝材料受腐蚀变质时，热电阻阻值与温度变化关系与分度表不符。此时更换热电阻（图 2.7.5）。

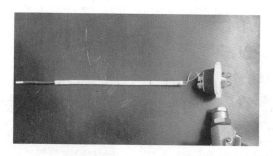

图 2.7.5　热电阻

图 2.7.6　显示仪表接线端子

（6）显示仪表指示负值。显示仪表与热电阻接线错误，或热电阻有短路现象时显示仪表指示为负值。此时改正接线，或找出短路处加强绝缘。图 2.7.6 所示为显示仪表接线端子。

一体化热电阻温度变送器是将热电阻与变送器合为一体，变送模块置于接线盒中，温度值经热电阻检测后转换为 4～20mA DC 的标准信号输出。其常见故障及处理方法如下：

（1）温度变送器断路。当温度变送器断路时上位机显示低于量程下限值，此时测量回路电流信号低于 4mA（图 2.7.7），检查变送器接线端子与热电阻接线端子，判断断路位置并解决故障。

（2）温度变送器虚接。温度显示时而正常，时而不正常，检查热电阻接线端子和变送器输出端子，判断故障部位，紧固线路。图 2.7.8 所示为温度变送器接线盒。

图 2.7.7　测量温度变送器电流

图 2.7.8　温度变送器接线盒

（3）温度测量数值偏低。一般是由于测温元件在套管内未插到底或未与被测介质完全接触引起的，可重新安装测温元件。图 2.7.9 所示为温度变送器插管。

（4）温度变送器输出无变化。一般是测温元件或温度转换器故障、接线方式不对导致的，可更换故障元件来解决。

图 2.7.9　温度变送器插管

2.8　液位检测仪表故障判断及维修方法

液位检测系统一般由液位检测仪表、显示仪表或 PLC 等组成，每种液位检测仪表故障判断都需要依据显示系统监测状态进行判断。目前油田常用的液位检测仪表有：浮球式液位计、法兰式液位变送器、磁翻板液位计、雷达液位计、超声波液位计等。下面分别对每种液位检测仪表故障判断及处理方法进行介绍。

（1）浮球液位计。

浮球液位计由浮球、插杆等组成。浮球液位计通过连接法兰安装于容器顶上，浮球浮于液面，由于磁性作用，浮球液位计的干簧受磁性吸合，把液面位置变化成电信号，通过显示仪表用数字显示液体的实际位置，浮球液位计从而达到液面的远距离检测和控制。

浮球液位计故障及处理方法见表2.8.1。

表2.8.1　浮球液位计故障现象及处理方法

故障现象	故障原因	处理方法
数值显示稳定在某一值不变	浮球卡住	清理插杆
数值显示量程最小值	浮球卡住；电路板或传感器故障；安全栅故障	清理插杆、更换电路板、更换传感器、更换安全栅
数值显示量程最大值	浮球卡住；浮球脱落；电路板或传感器故障；安全栅故障	清理插杆；检查浮球；更换电路板；更换传感器；更换安全栅
显示仪表数值与实际液位不符	显示仪表或上位机量程设置与传感器匹配	修改显示仪表内量程参数
液位波动大	工艺原因、信号干扰	检查信号传输线路，做好信号隔离

（2）法兰式液位变送器。

法兰式液位变送器由差压变送器、毛细管和带密封隔膜的法兰组成。密封隔膜的作用是防止管道中的介质直接进入差压变送器，它与变送器之间是靠注满液体（硅油）的毛细管连接起来，当膜片受压后产生的微小变形。变形移位或频率通过毛细管的液位传递给变送器，由变送器处理后转换成输出信号。

法兰式液位计故障及处理方法见表2.8.2。

表2.8.2　法兰式液位计故障现象及处理方法

故障现象	故障原因	处理方法
显示仪表正常、现场无显示	现场表头故障	更换表头
显示仪表错误或无显示、现场显示正常	仪表变送板故障	更换变送板
显示仪表错误、现场无显示	信号线脱落、线路异常或电路板故障	重新接线、线路排查、处理电路板故障
显示仪表、现场显示最大（最小）	高压侧（低压侧）膜片、毛细管损坏、封入液泄漏	更换变送器、
	高压侧（低压侧）阀门未打开、排污口堵塞	打开阀门、排污口清理
液位波动大	信号受到干扰	排查加装隔离栅测试
	高、低压侧膜片损坏	更换变送器
显示仪表、现场显示偏大（偏小）	仪表未校准	重新校对仪表

（3）磁翻板液位计。

磁翻板液位计是根据磁耦合作用原理和浮力原理来实现液位的检测，在非磁性浮筒内，装有一个磁性浮子，该浮子始终悬浮于液面或界面上，浮子的位置随储罐液位的变化而同步改变。浮子内的永久磁钢通过磁耦合传递到磁翻柱指示器，驱动蓝、白翻柱翻转180°，当液位上升时翻柱由白色转变为蓝色，当液位下降时翻柱由蓝色转变为白色，指示器的红白交界处为容器内部液位的实际高度。通常磁翻板液位计会装配高低报警盒，盒内装有干簧管（真空密封玻璃管）作为液位计的高低报警，也有磁翻板液位计会装有远传变送器。

磁翻板液位计故障现象及处理方法见表2.8.3。

表2.8.3　磁翻板液位计故障现象及处理方法

故障现象	故障原因	处理方法
液位无变化	浮筒内浮子被杂质卡住，无法移动	拆洗
液位显示异常，磁子错乱，无规律	磁子或浮子消磁；面板与浮筒的距离过大	用吸铁石吸腔体内的浮子可判断真实液位的位置，若吸铁石测试无效则需更换；距离调整
报警异常或无报警	报警盒内干簧管破裂	更换干簧管
现场液位与仪表显示液位不一致（带远传的液位计）	远传变送器内干簧管故障	更换

（4）雷达液位计（超声波液位计）。

雷达液位计采用发射—反射—接收的工作模式。雷达液位计的天线发射出电磁波（超声波液位计发射出的是声波），这些波经被测对象表面反射后，再被天线接收，距离信号转化为液位信号。

雷达计故障现象及处理方法见表2.8.4。

表2.8.4　雷达计故障现象及处理方法

故障现象	故障原因	处理方法
显示仪表、现场显示值无变化（或正常使用中波动很小）	液位计死机	断电重启
PLC、现场显示值为一个高液位恒定值	喇叭口结垢，形成反射	清理喇叭口结垢

3 测控系统控制层的故障诊断与维修

　　测控系统控制层包括 PLC、功能模块、工控机和网络设备等，是测控系统的核心，控制层设备多，每种设备出现故障的现象也不同，因此控制层的故障判断及维修方法很难遵照固定步骤进行。本章将测控系统控制层故障细分了 11 类，根据故障现象不同，分析故障原因并给出故障解决方案。维修方法及步骤请阅读案例，读者可根据故障现象直接查找故障解决方法，快速解决测控系统故障。

3.1　CPU 内程序丢失故障案例分析

　　在 PLC 系统中 CPU 存储应用程序，当程序因断电或误操作等原因丢失时，PLC 系统会停止运行，系统无显示、无控制输出，直接影响到控制系统平稳运行，这时需要判断 CPU 硬件模块是否正常，如果正常需要重新下载应用程序，并将 CPU 切换到运行模式，即可恢复故障。

　　【故障案例 1】　上位机数据显示异常

　　系统类别：GE RX3i。

　　故障现象：上位机数据显示"？？？"，现场检查发现该站 CPU 断电状态。

　　解决过程：

　　第一步，检查 CPU 供电线路，判断是否供电电源故障，排除电源故障后，送电，观察 CPU 运行状态是否正常（图 3.1.1），上位机是否正常显示。

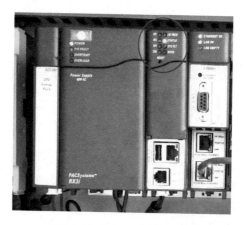

图 3.1.1 CPU 运行状态观察

图 3.1.2 GE PLC 开发程序菜单

第二步，重启 CPU 后上位机数据显示由"？"变为"0"后，初步判断为 PLC 程序丢失，GE PLC 在长时间断电情况下，CPU 如果未安装备用电池或电池失效时 CPU 内部程序会丢失，因此需要重新下载 PLC 应用程序。

第三步，启动 GE PLC 开发软件，下载 PLC 应用程序。

点击 Windows 程序菜单，打开 GE PLC 开发程序 Proficy Machine Edition（图 3.1.2）。

打开开发软件后，在 Machine Edition 对话框中选择与要下载 CPU 模块对应的应用程序后，点击 OK 即可（图 3.1.3）。

图 3.1.3　Machine Edition 对话框

　　应用程序打开后，首先建立工控机与 PLC 之间连接，为防止程序误下载到其他 CPU 中，建议将网络模块连接网线断开，只保留与丢失程序的 CPU 模块网络连接。

　　在开发软件菜单栏选择 Target 选项卡，在选项卡中点击 GO Online with "Target1"（图 3.1.4），如果应用程序中设置的 IP 地址与通信模块的地址相同，可直接将工控机与 PLC 建立连接，如果不同确认程序是否与目标 CPU 一致。一般情况下通信模块中 IP 地址不会改变，在网络物理连接正常情况下点击 GO Online 命令可以建立连接。

　　连接建立后，在菜单栏 Target 选项卡中点击 Download and start "Target1"（图 3.1.5），下载应用程序到 CPU 中，并 CPU 置到运行状态。

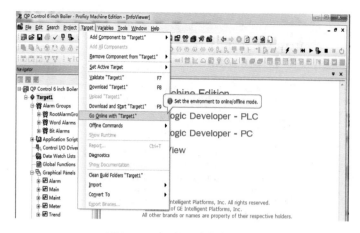

图 3.1.4　Target 选项卡（一）

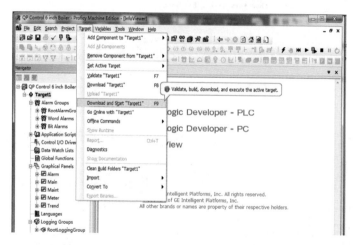

图 3.1.5　Target 选项卡（二）

此时上位机组态软件数据显示正常，若还显示为 0，确认各变量量程是否已设置，若未设置，需重新设置变量量程。

【故障案例 2】　注水岗所有数据显示为 0

系统类别：AB Logix5562。

故障现象：该站全站停电（3h），来电后注水泵运行正常，上位机液位、温度和压力等监测数据显示为 0，无法进行远程启停润滑油和冷却水泵。

解决过程：

第一步，根据故障现象查看 AB PLC CPU 运行状态，观察发现 CPU 指示灯显示异常（图 3.1.6），初步判断 CPU 程序丢失。CPU 在无备用电池情况下，断电后会出现程序丢失情况。

图 3.1.6　AB PLC CPU 运行状态

第二步，打开 AB PLC 开发软件，建立工控机与 PLC 连接。

点击 Windows 程序菜单，打开 AB PLC 程序开发软件 RSLogix 5000（图 3.1.7）。此时需要注意 RSLogix 5000 软件版本较多，选择与应用程序对应的软件打开程序。

打开 AB PLC 开发软件后，在 Start Page 页面中选择最后编辑过的应用程序，点击打开［图 3.1.8（a）］。或点击菜单栏 File 选项卡，在下拉菜单中选择应用程序［图 3.1.8（b）］。

图 3.1.7　RSLogix 5000 软件

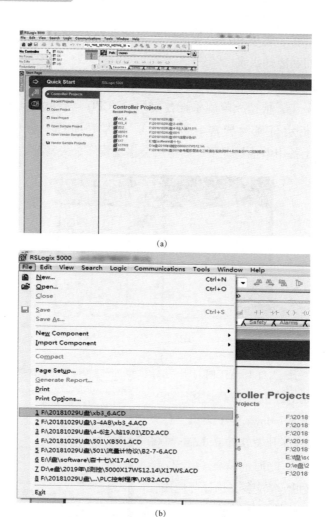

图 3.1.8　AB PLC 开发软件 Start Page 页面（a）和程序选择菜单（b）

　　打开应用程序后，点击 Path 路径条右侧按钮 Who Active，选择 PLC 以太网通信模块（图 3.1.9）。

　　通信路径选择正确后，点击菜单栏 Communications 选项卡，选择 Go Online 命令，建立 PLC 与工控机连接（图 3.1.10）。

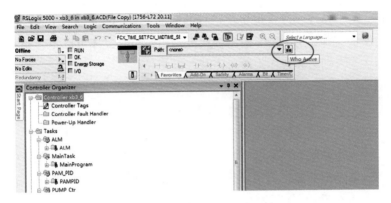

图 3.1.9　Path 路径

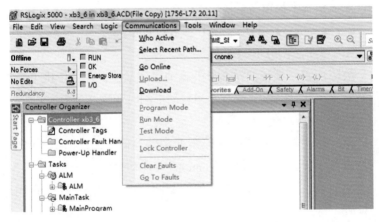

图 3.1.10　Communications 选项卡

第三步，下载 PLC 应用程序并运行 CPU。连接建立后，点击菜单栏 Communications 选项卡，选择 Download 命令，将应用程序下载到 PLC 中。

程序下载到 PLC 中后，此时 CPU 处于 PROGRAM mode，在切换到运行模式（RunMode）时需要确定系统是否有联锁保护，由于新下载的程序，所有参数都有初始状态，与现场实际工况不符，特别是现场注水电机都运行的情况下，此时需要摘出系统联锁保护，确认 DO 数字输出模块无输出命令时，才可以投入运行模式，否则易导致注水电机停泵。

3.2 源程序错误故障案例分析

有些站库测控系统在投产时未经全面测试即投产，在正常生产时未发现故障，当切换生产模式，例如由手动切换至自动、自动切换至手动、1 号泵切换至 2 号泵等时，由于源程序有错，这时会出现控制错误，此时需要解析原程序，并修改错误程序代码，保证系统平稳运行。

【故障案例 3】 程序中 PID 参数设置错误

系统类别：AB LogixL35E。

故障现象：某转油站 2 号外输油泵变频器，在上位机手动控制时状态正常可以正常调节，当自动控制时变频器频率为 0。

解决过程：

第一步，查找图纸确认该泵变频器控制电缆编号为 LV203，其对应程序数据点为 LV203_control。

第二步，打开 Logix 5000 软件及该站对应 PLC 程序并在线编译检查（见故障案例 2 第一步和第二步）。

第三步，检查该程序块 PID 模块 PID_LV203 设定值。由 Error 误差值发现变量中 set2 值为 6.65，与被调节生产参数（2 号罐液位）数值不同，查找标签目录发现该液位在程序中定义名称为 set1，液位值为 1.57（图 3.2.1）。

第四步，修改过程变量 ProcessVariable 由 set2 改为 set1，修改 CV Low Limit 输出下限最小值为 20%，实际输变频器出值为 10Hz，修改 Control Varable 输出最大值 MAX 由 0～100，变频器自动控制功能恢复正常（图 3.2.2）。

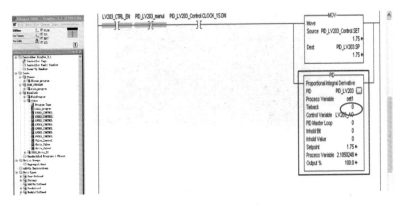

图 3.2.1　PLC 程序界面

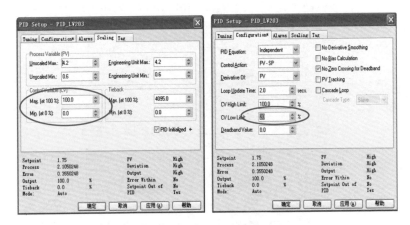

图 3.2.2　修改变量

【故障案例 4】　现场压力值与微机显示不一致

系统类别：AB Logix5571。

故障现象：某站外输气和 3 号三相分离器压力变送器现场显示与值班室微机内的显示相差 0.03MPa。

解决过程：

第一步，检查现场仪表铭牌标注仪表量程，现场仪表量程均为 0.6MPa（图 3.2.3）。

图 3.2.3　仪表铭牌标注仪表量程

　　第二步，检查计算机操作界面内对应外输气压力及 3 号三相分离器压力对应量程设置为 0.5MPa（图 3.2.4）与现场仪表量程不符，需要修改上位机外输气压力和三相分离器压力量程。

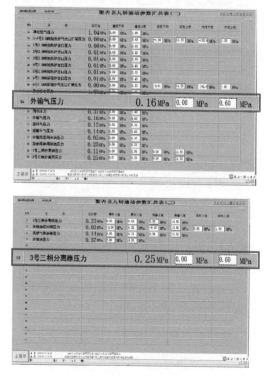

图 3.2.4　上位机设置量程

第三步，修改上位机量程为 0.6MPa 后，恢复正常。

【故障案例 5】 污水站反冲洗阀门无法远程控制

系统类别：AB Logix5562。

故障现象：某污水站 8 号滤罐反冲洗出口阀无法远程控制关闭。

解决过程：

第一步，利用控制程序发出关阀命令，观察继电器动作情况（图 3.2.5）。

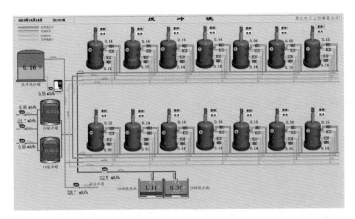

图 3.2.5 污水站反冲洗系统工艺流程图

第二步，当关阀命令发出时继电器动作正常，说明信号传输正常（图 3.2.6）。

图 3.2.6 控制柜中间继电器

第三步，清除系统故障报警后，远程控制恢复正常（图3.2.7）。

图 3.2.7　污水站反冲洗系统工艺流程界面复位键

【故障案例6】　调节阀调节速度过慢

系统类别：AB Logix5571。

故障现象：该站 1 号界面调节阀调节速度过慢。

解决过程：

第一步，检查计算机 1 号界面调节阀调节界面（图 3.2.8），更改液面调节参数设定值 SP，观察调节阀开度变化，发现调节阀开度有反馈，但变化速度过慢。

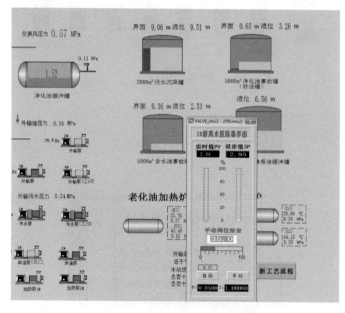

图 3.2.8　1 号界面调节阀调节界面

第二步，检查 PID 参数（图 3.2.9），发现 PID 参数比例值设置过小。重新设置 PID 参数，调节阀调节速度恢复正常。

【**故障案例 7**】　流量计现场显示与计算机示数不一致

系统类别：OPTO 22。

故障现象：注入站母液总来液量现场与计算机显示不一致，计算机内显示 2m³/h，现场显示为 20m³/h。

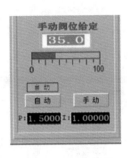

图 3.2.9　PID 参数设定界面

解决过程：

第一步，应用万用表检查现场流量计的输出电流为 10mA，经换算与其现场实际相符。

第二步，打开下位机程序，检查量程设置（图 3.2.10）。

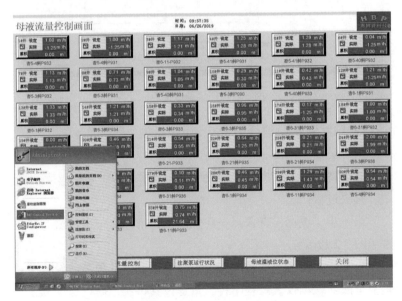

图 3.2.10　注入站操作界面

第三步，该流量计的量程显示设置为 0～5，与实际不符，改为 0～50 后，点击上载及运行程序后，恢复正常，现场流量显示与计算一致（图 3.2.11）。

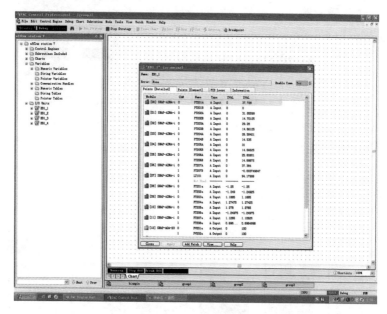

图 3.2.11　模块设置界面

【故障案例 8】 联合站中控室上位机单个参数无示值

系统类别：AB Logix5562。

故障现象：上位机单个参数示值无显示。

解决过程：

第一步，现场检查该点一次仪表工作情况，一次仪表工作正常（图 3.2.12）。

第二步，检查上位机软件参数设置情况，发现参数设置中量程上下限与现场仪表量程不符，量程设置错误，修正后恢复正常（图 3.2.13）。

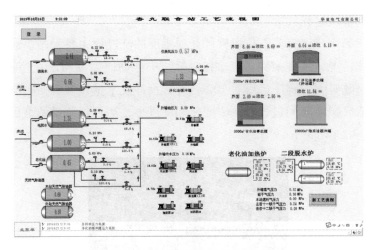

图 3.2.12　系统工艺流程

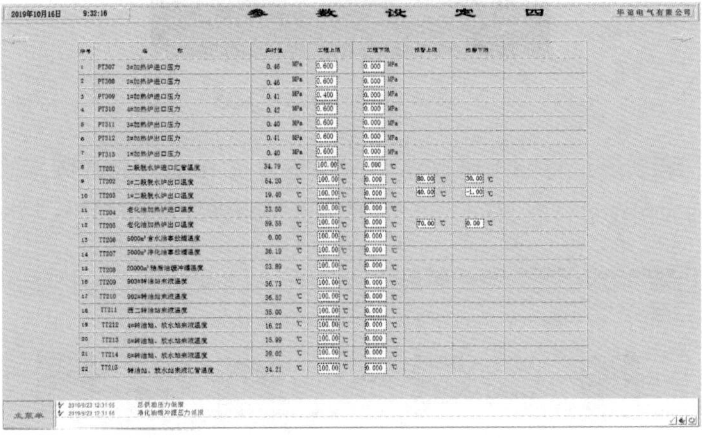

图 3.2.13　联合站中控室上位机软件参数设置界面

【故障案例 9】 污水站滤罐反冲洗过程中流量偏大

系统类别：SunyTech TDCS 反冲洗系统。

故障现象：该站 8 号罐反冲洗过程中流量偏大，超出设定值。

解决过程：

第一步，打开下位机软件并观察反冲洗过程中各程序块数值变化情况，发现变频器频率控制算法中浮动值为 ±5Hz，允许频率修改时间为程序运行后 100s，导致反冲洗水量过大时变频器频率修改响应时间过长，频率变化幅度过小，达不到流量调整目标（图 3.2.14）。

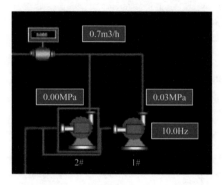

图 3.2.14 反洗泵频率监控

第二步，将频率修改浮动值调整为 ±10Hz，允许频率修改时间为程序运行后 50s 后，反冲洗流量控制恢复正常（图 3.2.15）。

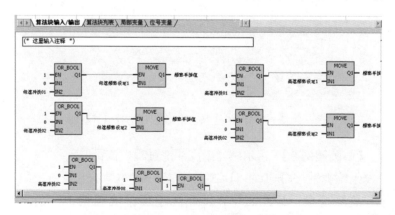

图 3.2.15 算法编辑界面

【故障案例 10】　注水站注水泵停泵无报警

系统类别：AB Logix5572

故障现象：该站 1 号、2 号和 3 号注水泵停泵无报警。

解决过程：

第一步，打开上位机组态软件，查看开关量报警设定情况，发现无相关报警触发点（图 3.2.16）。

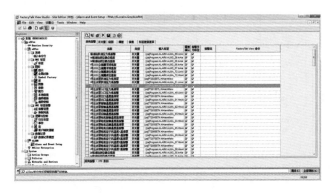

图 3.2.16　上位机组态软件报警设置界面

第二步，程序内相应增加 3 个报警触发点，设置 1 号、2 号和 3 号电动机电流小于 20A 时报警触发（图 3.2.17）。

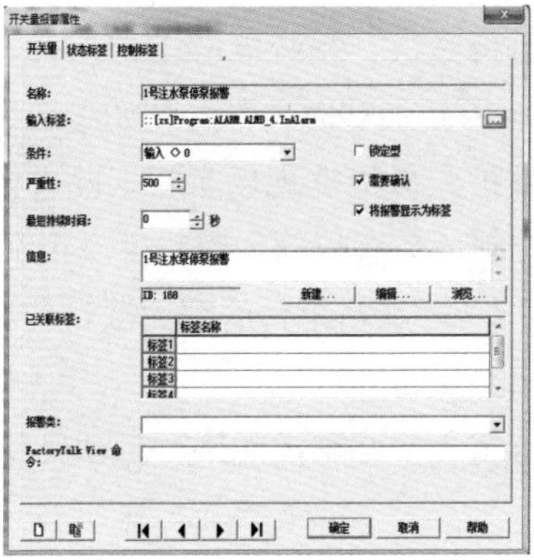

图 3.2.17　创建报警标签

第三步，打开下位机软件，在线编辑模式下对应新增 ALMA67，ALMA68 和 ALMA107 三个报警程序块（图3.2.18），保存运行，经测试后报警功能正常。

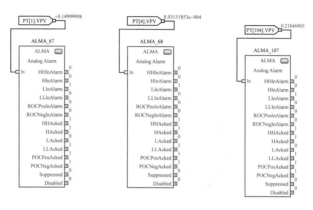

图 3.2.18　下位机软件报警程序块

3.3　源程序缺陷故障案例分析

测控系统在开发过程中，由于开发人员与工艺流程结合不足，在系统源程序中会存在缺陷，当在投运时有开发人员在现场，经及时调整运行参数，系统能够正常运行。但当系统因断电或 CPU 故障等情况重新加载时，部分初始参数设置与系统运行时不同，这时需要维护人员根据现场实际工况进行调整设置，否则会出现系统个别控制环节有故障，影响生产正常运行。

【故障案例11】 污水站单台滤灌无法自动反冲洗

系统类别：AB Logix5572。

故障现象：该站 3 号滤罐不能执行自动反冲洗程序。

解决过程：

第一步，将 3 号滤罐由自动反冲洗改为手动，并点击电动阀开启或关闭，观察现场电动阀响应情况，发现电动阀无响应（图 3.3.1）。

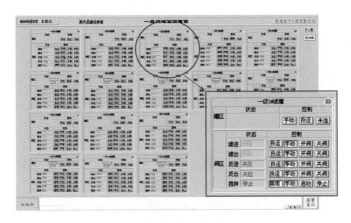

图 3.3.1 滤罐监控界面

第二步，打开 Logix 5000 程序（见故障案例 2 第一步和第二步）检查 3 号滤罐反冲洗程序发现该罐程序处于锁定状态，无法进行操作（图 3.3.2）。

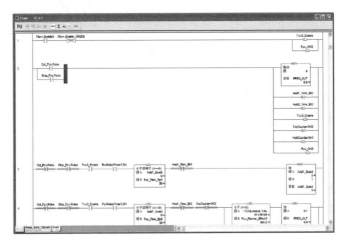

图 3.3.2 下位机程序界面（一）

第三步，分析情况应为反冲洗过程中程序意外退出所导致，但程序开发人员未设置锁定解除选项，操作人员无法解除锁定。

第四步，将该罐阀门恢复到运行状态，进行取消反洗选择并停止反冲洗流程操作（图3.3.3）。

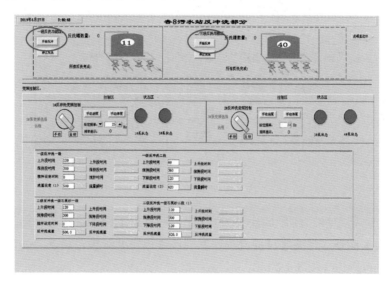

图 3.3.3　反洗操作界面（一）

第五步，重新选择反洗滤罐，按正常反洗操作流程进行反洗后状态恢复正常。

【故障案例12】 污水站污水外输泵变频器不能自动调节

系统类别：AB Logix1769-L35E。

故障现象：该站污水泵变频器不能自动调节，当设置为自动调节时无论污水罐液位为任何数值，变频器频率均为15Hz。

解决过程：

第一步，将计算机污水泵变频器改为手动控制并输入CV参数值观察变频器工作情况，发现变频器频率调节正常。说明变频器无故障，PLC控制通道正常，问题可能在程序部分（图3.3.4）。

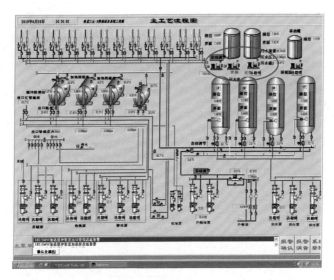

图 3.3.4　上位机操作界面（一）

第二步，查找图纸，确定变频器对应电缆编号为 LV202。

第三步，利用 Logix5000Vr20.03 版打开 PLC 程序（见故障案例 2 第一步和第二步），LV202 子程序，检查 PID 运算块内部参数设置，发现 Processvariable 对应参数点为 set1，而组态软件内部 PV 变量名为 set2，修改 Processvariable 对应参数为 set2 并观察对应数值变化，发现数值显示仍为错误值 0.6，变频器仍然不能自动调节（图 3.3.5）。

图 3.3.5　下位机程序界面（二）

第四步，检查量程赋值语句，发现量程数据来源与组态软件内对应来源错误，修改量程数据来源由 LRCA203.low 改为 LRCA703.lowLRCA203.High 改为 LRCA703.High，观察 Processsvariable 参数值，发现参数值恢复为正常值 7.7，此时污水变频器自动调节恢复正常（图 3.3.6）。

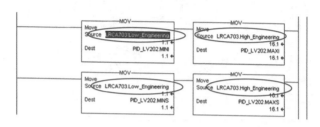

图 3.3.6　下位机程序界面（三）

【故障案例 13】　污水岗反冲洗系统单台滤罐反洗时突然停止

系统类别：SunyTech TDCS。

故障现象：4 号罐反洗过程中突然停止。

解决过程：

第一步，启动 4 号罐反冲洗流程，观察数值变化（图 3.3.7），倒阀过程正常，在反洗时压力超过设定值后，反洗过程停止。

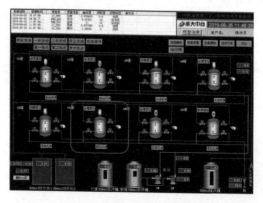

图 3.3.7　上位机操作界面（二）

第二步，打开 SunyTech8.0 程序开发界面，进入算法编辑器（图 3.3.8 ）。

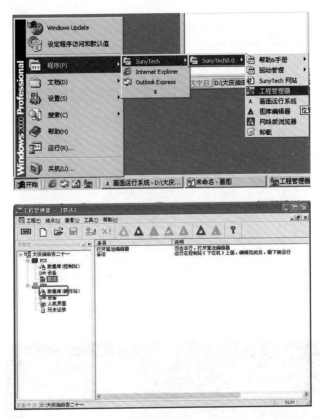

图 3.3.8 下位机开发界面

第三步，检查反洗急停设定条件发现设定条件中当泵出口压力 PI_201 大于水压上限值时反洗急停（图 3.3.9 ）。

第四步，查找程序标签发现水压上限值设定值为 0.5MPa，实际反冲洗过程中压力值超过设定值导致反洗急停，因此判断为工艺流程问题导致，站库进行滤料清洗后反洗流程恢复正常（图 3.3.10 ）。

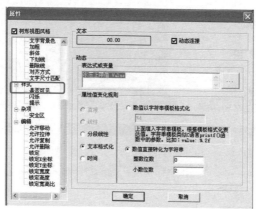

图 3.3.9 下位机程序界面（四）

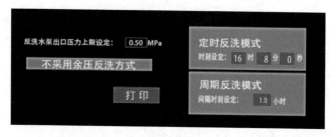

图 3.3.10 压力上限设定界面

【故障案例 14】 污水站全站停电后反冲洗系统不能正常运行

系统类别：SunyTech TDCS。

故障现象：该站遭受雷击后全站失电，恢复供电后反冲洗系统不能正常操作。

解决过程：

第一步，初步判断断电后控制器内程序丢失，控制器重新下载程序后故障仍然存在（图 3.3.11）。

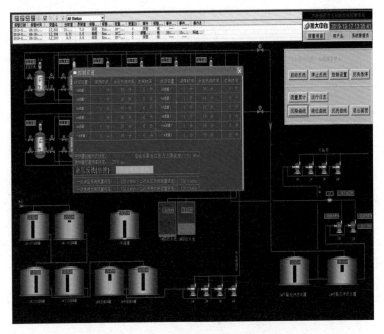

图 3.3.11　反洗参数设置界面

第二步，读该部分 PLC 程序发现由于断电重启导致程序初始化，反洗过程中成床工艺程序初始化后初始值为 2，而执行该段程序的前提为 0 或 1，因此程序不能执行（图 3.3.12）。

第三步，解决该问题的方法是确认余压反洗是否启动搅拌浆，程序初始化后在再次反洗时需要给系统输入余压反洗命令，确认是否启动搅拌浆，只有在选择确认后反洗程序才能正常操作（图 3.3.13）。

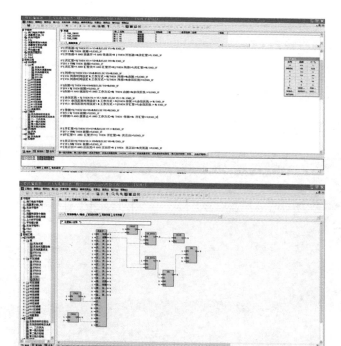

图 3.3.12　下位机程序开发界面

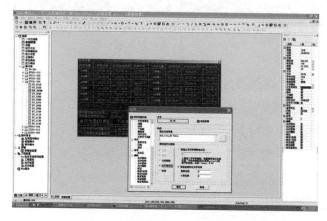

图 3.3.13　上位机组态编辑界面

【故障案例 15】 上位机参数点组态错误

系统类别：SunyTech TDCS。

故障现象：该站一次反冲洗中强度流量设置数值后，二次反冲洗中强度流量数值联动改变。

解决过程：

第一步，打开上位机组态软件画面编辑器，检查系统设置数值对应内部程序点位，发现一次反冲洗中强度流量对应点位与二次反冲洗中强度流量对应程序内部点位相同（图 3.3.14）。

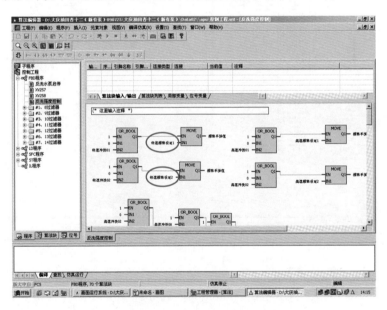

图 3.3.14　下位机流量设定界面

第二步，将一次反冲洗中强度流量组态点位修改后，程序恢复正常。

【故障案例 16】 注入站柱塞泵停泵无报警

系统类别：AB Logix5572。

故障现象：6 台柱塞泵停泵无报警。

解决过程：

第一步，检查上位机 Factory TalkView32 组态软件报警标签页，确定报警链接点名为 Program：ALM.ALMA_（58～64）.InAlarm（图 3.3.15）。

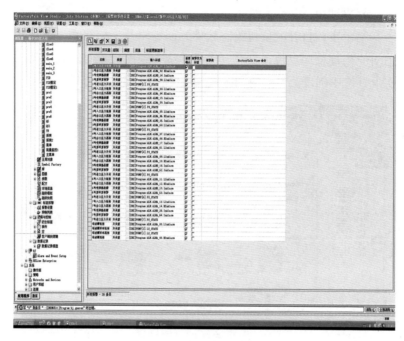

图 3.3.15　组态报警编辑界面

第二步，打开 Logix 5000 程序 ALM 程序标签，检查报警程序块运行情况，发现程序块报警判断值对应点位链接错误，将点位更改为 PUMP［1～7］.IN_PV（频率实际值）后观察报警情况，发现 Logix 5000 报警模块工作正常，报警值 InAlarm 已输出，但组态软件仍不报警。将组态软件中报警点重新链接后恢复正常（图 3.3.16）。

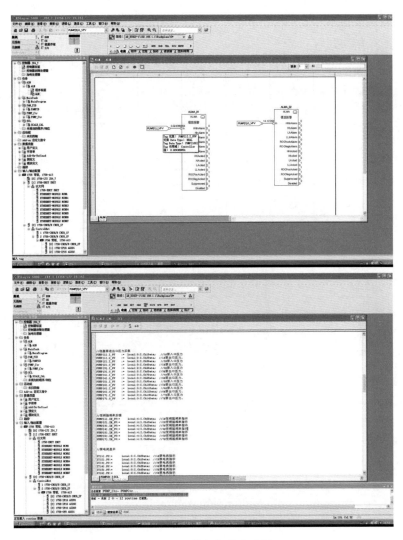

图 3.3.16　下位机报警程序界面

【故障案例 17】　转油站流量计上位机无显示

系统类别：AB Logix5571。

故障现象：该站上位机外输气及燃料气的瞬时流量与累积流

量值无显示。

解决过程：

第一步，该站流量计数据采集方式采用 Modbus 协议采集，检查线路连接情况，无异常。

第二步，检查现场仪表及计算机内程序设置的地址，通过 PLC 应用程序与模块 Modbus 设置比对（图 3.3.17），确定外输气及自耗气地址为 8，9。检查现场仪表地址与程序模块设置地址不同，修改仪表地址后计算机显示恢复正常，但数值显示不准确，且数据刷新速度过慢。

(a)

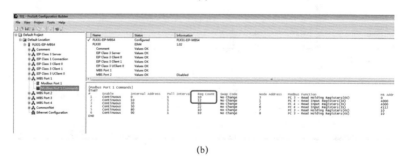

(b)

图 3.3.17　PLC 应用程序界面（a）和 Prosoft 软件 Modbus 端口配置界面（b）

第三步，打开 Prosoft 软件将刷新速度由 1000ms 调整至 100ms 后数值显示准确（如图 3.3.18），刷新速度正常。

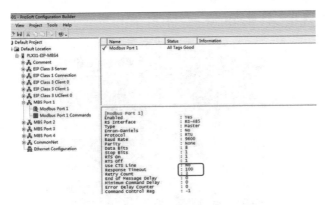

图 3.3.18　Prosoft 软件功能块参数设置

3.4　程序需启动或重启故障案例分析

OPTO 等测控系统部分模块因停电、网络通信等原因停运，上位机表现为所有数据不显示或部分数据无显示，此时需要进入系统编程模式，查看 CPU 及功能模块运行状态，当发现有停运模块时，重新启动即可解决此类故障。

【故障案例 18】　OPTO 系统上位机无数据显示

系统类别：OPTO SNAP-PAC-EB1。

故障现象：该站上位机显示界面无数据显示。

解决过程：

第一步，检查 PLC 控制柜，检查模块无异常（图 3.4.1）。

图 3.4.1　PLC 功能模块

第二步，检查路由器工作情况，路由器运行正常（图 3.4.2）。

图 3.4.2　路由器

第三步，使用窗口键 +R 键打开运行命令窗口，输入 CMD 命令打开 DOS 命令输入窗口，利用计算机 ping 命令测试网络连接正常（图 3.4.3）。

图 3.4.3　ping 命令测试网络连接

第四步，打开计算机 PAC ControlPro9.0PLC 程序选择本站程序后点击 debug 选项在线调试（图 3.4.4）。

第五步，检查各机架运行情况，发现 PLC 模块在停止状态点击开始执行按钮后程序运行正常，数据显示正常（图 3.4.5）。

图 3.4.4　下位机程序调试

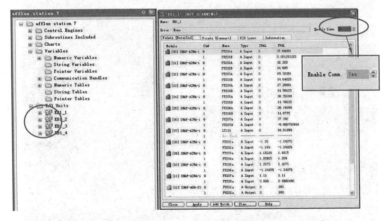

图 3.4.5　模块运行状态界面

【故障案例 19】　PLC 工作状态异常（图有问题）

系统类别：OPTO SNAP-PAC-EB1。

故障现象：上位机所有数据无读数显示。

解决过程：

第一步，检查 PLC 模块工作状态，指示灯工作状态正常（图 3.4.6）。

图 3.4.6　控制柜硬件模块

第二步，检查工控机与 PLC 之间通信状态，工控机与 PLC 之间通信状态正常（图 3.4.7）。

图 3.4.7　ping 命令检查通信状态

第三步，检查工控机软件运行状态，发现 PLC 程序处于暂停状态，将其切换为工作状态后，数据读数恢复正常（图 3.4.8）。

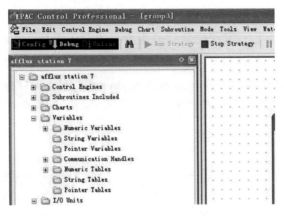

图 3.4.8　OPOT 22 应用程序调试界面

【故障案例 20】　AB 系统上位机无数据显示

系统类别：AB Logix5555。

故障现象：上位机无数据显示。

解决过程：

第一步，检查 PLC 模块运行状态，打开 PLC 控制柜，发现 CPU 未运行，处于停运状态（图 3.4.9）。

图 3.4.9　AB PLC 电源及 CPU 模块

第二步，检查计算机与 PLC 通信情况中发现通信正常。打开 Logix 5000 程序，将 PLC 程序下载并运行后 CPU 运行正常，Logix

5000中数据采集正常。但上位机仍无数据显示。

第三步，打开组态软件并查看点位链接路径，发现OPC路径为Sanan3，打开RSLinx软件，查看OPC数据库名为X11，重新建立OPC数据服务并命名为Sanan3后，数据链接恢复正常。计算机组态软件显示数据恢复正常（图3.4.10）。

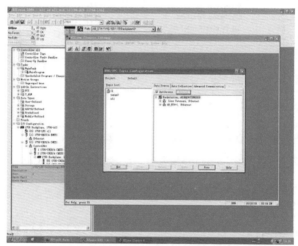

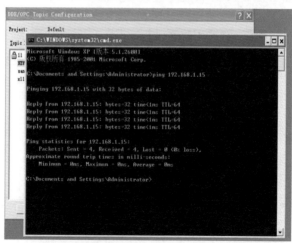

图3.4.10　RSLinx及ping命令

【**故障案例 21**】 注入站变频器不能自动控制

系统类别：AB Logix5572。

故障现象：该站 49、55、56、69、71 和 77 等注入井变频器不能远程自动控制。

解决过程：

第一步，打开 Logix 5000 下位机软件，检查 PLC 程序在线运行情况（如图 3.4.11 程序开发界面）。

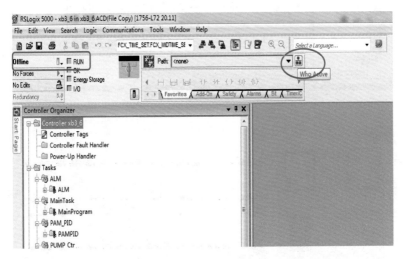

图 3.4.11　程序开发界面

第二步，发现这些不能自动控制的变频器程序输出值均为 0，读程序可知，输出值为 0 的原因为 PID 调节模块手、自动条件判断值为初始状态，即程序未开始运行（如图 3.4.12 PID 程序调试界面）。

第三步，在上位机软件中，按故障井号逐一将软手动与自动按钮之间进行一次切换（如图 3.4.13 上位机监控界面），程序输出值频率值被置入，系统恢复正常。

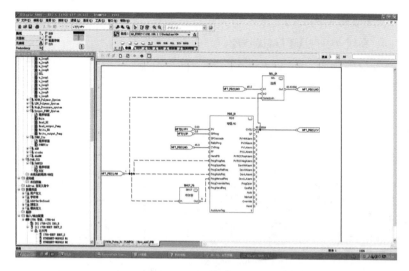

图 3.4.12　PID 程序调试界面

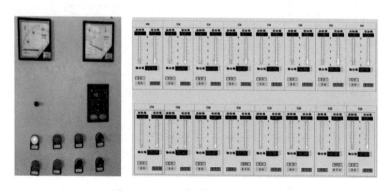

图 3.4.13　上位机监控界面（一）

【故障案例 22】 联合站上位机所有数据无显示

系统类别：AB Logix5555。

故障现象：上位机所有数据无显示。

解决过程：

第一步，检查 PLC 控制柜内 CPU 运行情况，发现 CPU 运行正常。

第二步，打开 Logix 5000 程序，在线观察数据采集情况，利用 ping 命令测试工控机与 CPU 连接情况（图 3.4.14），发现网络连接正常，但上位机组态软件仍不能正常采集数据。

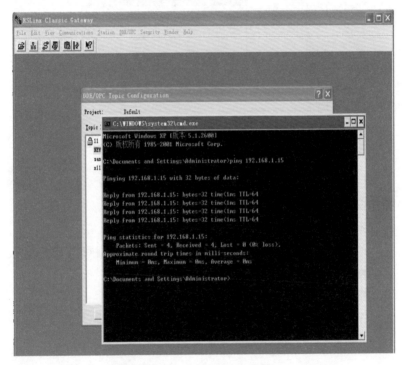

图 3.4.14　ping 命令界面

第三步，打开 RSLinx 软件，发现程序无法打开，卸载后重新安装，发现 OPC 数据库无法建立，数据库无法打开，判断可能情况为杀毒软件将 OPC 服务及相关程序进程隔离。

第四步，利用系统备份进行系统恢复（图 3.3.15）并卸载杀毒软件，打开组态软件后数据采集恢复正常。

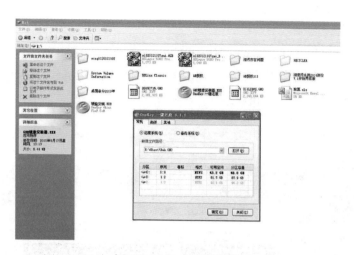

图 3.4.15　一键还原操作

【故障案例23】　联合站污水岗滤罐控制阀门不能远程自动操作

系统类别：SunyTech TDCS。

故障现象：联合站污水岗4号和6号滤罐控制阀门不能远程自动操作。

解决过程：

第一步，将现场阀门挡位调至本地控制，进行开关阀实验，阀门正常运行，排除阀门自身故障（图 3.4.16）。

图 3.4.16　阀门挡位调节

第二步，将阀门挡位调至远程，在上位机手动操作，控制阀门打开或关闭，观察阀门动作情况，发现阀门经多次操作后才能动作，初步判断为网络连接不连贯，上位机命令不能下置到控制器中。

第三步，利用 ping 命令测试网络通信情况，发现网络通信正常。

第四步，分析故障原因可能是控制器响应延迟，打开下位机软件，重新切换 2 号和 3 号控制器后阀门控制响应恢复正常（图 3.4.17）。

图 3.4.17 重启主控板

【故障案例 24】 联合站电动阀无法远程关闭

系统类别：AB Logix5555。

故障现象：该站电动阀无法远程关闭。

解决过程：

第一步，打开上位机程序，找到开阀命令点位名为 LalveD［35］（图 3.4.18）。

第二步，打开 Logix5000 软件，找出下位机对应的开关阀程序（图 3.4.19）。

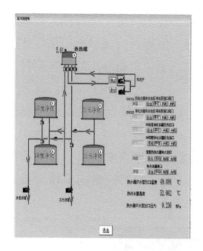

图 3.4.18　查找点位名

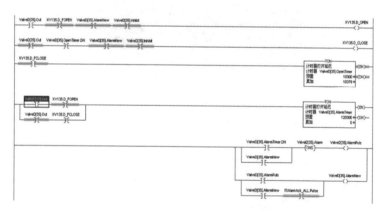

图 3.4.19　Logix 5000 软件查看

　　第三步，在线调试程序，发现程序内开阀命令已经发出，但接收不到反馈信号，程序中止（图 3.4.20）。

　　第四步，检查现场阀门，发现阀门状态错误，将阀门控制打到远程状态（图 3.4.21），并重新登录程序，程序运行正常，系统恢复正常。

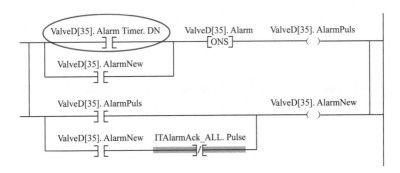

图 3.4.20　Logix 5000 反馈信号查看

图 3.4.21　电动阀挡位改变

3.5　PLC 系统功能模块运行错误故障案例分析

测控系统在生产运行过程中，有时会因网络、模块等运行状态不对出现故障，当此类故障发生时，需要根据故障表现、故障现象分析故障原因，逐步解决故障。

【故障案例 25】　上位机软件操作异常

系统类别：SunyTech TDCS。

故障现象：该站计算机操作界面点击执行命令按钮时一定概率无响应。

解决过程：

第一步，利用 ping 命令检查 PLC 与计算机通信状态，发现 2 号主控板通信状态异常（图 3.5.1）。

图 3.5.1　ping 命令检查 PLC 与计算机通信状态

第二步，进入硬件配置软件，将 2 号控制板退出主控，切换 3 号控制板为主控状态并检查上位机操作响应情况，发现上位机响应恢复正常（图 3.5.2）。

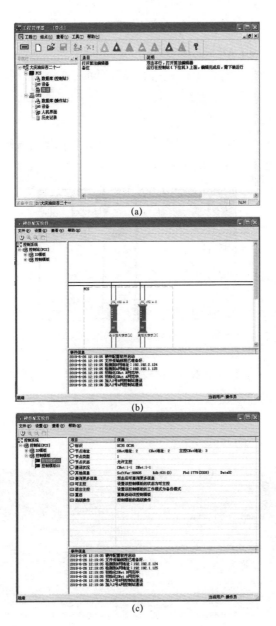

图 3.5.2 TDCS 系统控制器界面切换操作

【故障案例26】 污水反冲洗系统不能正常反冲洗

系统类别：AB Logix5555。

故障现象：该站上位机所有参数显示正常，无法执行自动反冲洗程序。

解决过程：

第一步，检查 PLC 控制柜内各模块工作情况，发现各功能模块工作指示灯正常（图 3.5.3）。

图 3.5.3　PLC 控制框功能模块

第二步，选中所有滤罐并执行反洗程序观察程序运行情况，发现变频器启动正常，但开始反洗指示标志未显示，滤罐阀门未动作。点击停止反冲洗，变频不能停止。单独控制阀门时，各阀门响应正常（图 3.5.4）。

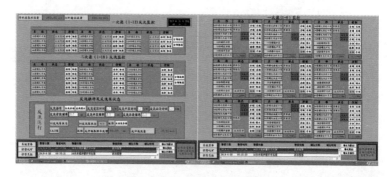

图 3.5.4　上位机操作界面

第三步，判断该反洗程序执行时出现错误，将上位机显示的所有报警信息确认并复位（图 3.5.4）。

第四步，重新启动 CPU，再次执行反洗程序，发现程序恢复正常（图 3.5.5）。

图 3.5.5　电源开关

【故障案例 27】　污水站反冲洗系统无数据显示

系统类别：AB Logix5555。

故障现象：该站上位机不能监控液位及罐状态，无数据显示，系统停运。

解决过程：

第一步，检查 PLC 控制柜，发现 CPU 模块 OK 灯红色闪烁，证明 CPU 模块故障（图 3.5.6）。

图 3.5.6　CPU 模块状态

第二步，关闭 AB PLC CPU，3s 后重新打开。

第三步，打开 Logix 5000 程序选择在线模式（图 3.5.7）。

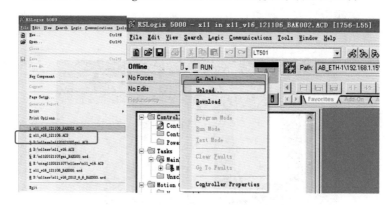

图 3.5.7　Logix 5000 程序在线操作

第四步，检查 CPU 故障信息，发现存在故障码，清除后系统恢复正常（图 3.5.8）。

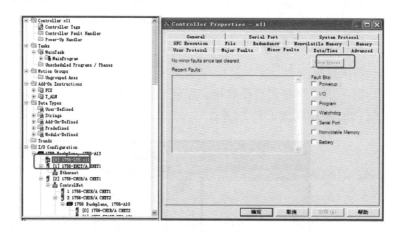

图 3.5.8　下位机故障信息界面

【故障案例 28】　转油站液位数据无显示

系统类别：AB Logix5571。

故障现象：该站液位数据无显示。

解决过程：

第一步，检查 PLC 控制柜，发现 AI 模块 OK 指示灯处于非正常状态（图 3.5.9）。

第二步，利用信号发生器现场测试后，判断 AI 模块故障，更换模块后，液位数据恢复正常显示，系统回复正常（图 3.5.10）。

图 3.5.9　PLC 控制柜 AI 模块
指示灯非正常指示

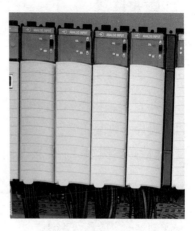

图 3.5.10　PLC 控制柜 AI 模块
指示灯正常显示

【故障案例 29】　污水站无法自动反冲洗，各项数据显示为 0

系统类别：AB Logix1769–L35E。

故障现象：该站不能自动反冲洗，各项数据显示为 0。

解决过程：

第一步，检查 PLC 控制柜，CPU 状态错误，初步判断有模块故障（图 3.5.11）。

第二步，现场检查模块，发现一个 AO 模块（1769–OF4CI）损坏，导致系统错误（图 3.5.12）。

图 3.5.11　PLC 控制柜故障指示灯　　　图 3.5.12　AO 模块故障指示灯

第三步，将控制柜内的备用模块更换，重新配置通道并下载 PLC 程序后恢复正常。

【故障案例 30】 联合站水流量计上位机无数值显示

图 3.5.13　流量计表头正常显示

系 统 类 别：AB LogixL35E。

故障现象：该站来水流量计上位机无数据显示。

解决过程：

第一步，检查流量计现场显示发现正常（图 3.5.13）。

第二步，检查控制柜内该流量计信号线传输，发现信号传输正常（图 3.5.14）。

第三步，检查该流量计对应通道，发现通道故障，更换到备用模块的备用通道并修改相应程序后流量显示恢复正常（图 3.5.15）。

图 3.5.14　PLC 柜内信号测量

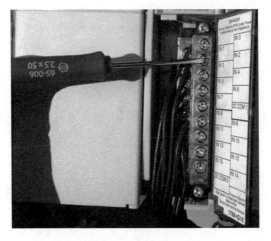

图 3.5.15　更换 PLC 通道

【故障案例 31】　污水站部分滤罐不能自动反冲洗

系统类别：AB Logix5561。

故障现象：该站 5 号和 6 号一次滤罐不能自动反冲洗。

解决过程：

第一步，检查 PLC 控制柜内继电器，发现继电器工作正常（图 3.5.16）。

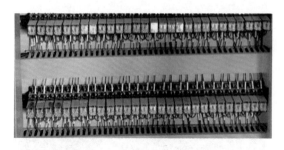

图 3.5.16　继电器组正常工作

第二步，检查模块工作情况，发现一个 DO 输出模块工作指示灯显示状态异常，断电重新安装该模块，重新后模块工作状态正常，系统恢复运行。

【故障案例 32】　污水站滤罐无法自动反冲洗

系统类别：AB Logix5572。

故障现象：污水站 13–18# 滤罐无法自动反冲洗。

解决过程：

第一步，检查控制柜内 PLC 显示是否异常。在 3P 控制柜内，控网模块 OK 灯红色闪烁，信号无法控制（图 3.5.17）。

图 3.5.17　网络模块故障灯闪烁

第二步，重新启动 3P 控制柜内电源模块，将网络模块复位后，恢复正常。

【**故障案例 33**】　注入站上位机数据无显示

系统类别：AB Logix5562。

故障现象：注入站上位机数据无显示。

解决过程：

第一步，检查控制柜内 CPU 模块，发现 CPU 及 BAT 显示灯为红灯常亮，表示为 CPU 模块故障及备用电源故障（图 3.5.18）。

图 3.5.18　CPU 及 BAT 显示灯亮

第二步，打开下位机程序，检查程序发现存在（代码 60，不可恢复故障；代码 01，通电故障）两个故障，清除故障后故障依旧存在，无法修复，需要更换 CPU 模块（图 3.5.19）。

图 3.5.19　Logix 5000 报 CPU 故障代码

第三步，更换 CPU 模块，重新下载 PLC 应用程序后，系统恢复正常（图 3.5.20）。

图 3.5.20　下载 PLC 固件版本

【故障案例 34】 配注站上位机母液流量数据不变化

系统类别：AB Logix5572。

故障现象：该站上位机显示的母液瞬时流量和累计流量全部不变化。

解决过程：

第一步，检查网络连接情况，上位机显示网络连接异常（图 3.5.21）。

图 3.5.21　计算机显示网络连接异常

第二步，打开 RSLink 软件，查看 Modbus 模块应用情况，发现所有 Modbus 模块均显示故障（图 3.5.22）。

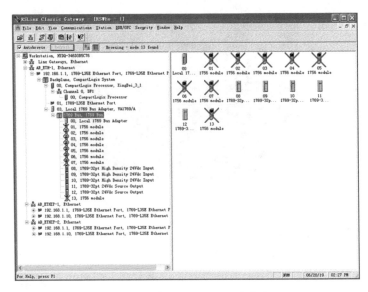

图 3.5.22　RXLinx 设备驱动故障

　　第三步，检查控制柜内 485 通信模块工作情况，发现模块状态指示灯均为红色（图 3.5.23）。

图 3.5.23　Modbus 模块故障指示灯亮

　　第四步，将全部 485 通信模块断电重启后工作状态指示灯恢复正常（图 3.5.24），上位机数据显示恢复正常。

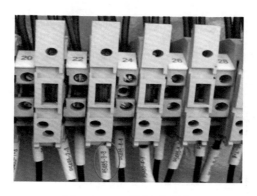

图 3.5.24　重新上电操作

【故障案例 35】 联合站流量计瞬时流量及累计流量无显示

系统类别：AB Logix5562。

故障现象：该站上位机深度回收水流量计瞬时流量及累计流量无数值显示。

解决过程：

第一步，检查现场流量计运行情况，该流量计现场运行正常（图 3.5.25）。

第二步，检查流量计接线情况，信号输出端有电压，接线正常（图 3.5.26）。

图 3.5.25　现场流量计正常显示

图 3.5.26　流量计接线检查正常

第三步，检查现场测试总线分配器内的接线情况，分配器 3 个接线端子线路断路，未连通，判断为分配器电路板故障（图 3.5.27）。

图 3.5.27　测试总线分配器

第四步，将 3 个接线端子线路短接一起后，数据传输恢复正常。

3.6　电源系统故障案例分析

24V 直流电源是测控系统一个重要组成部分，为现场仪表及 PLC 系统 CPU 和功能模块供电，在连续运行过程中容易因散热、供电不稳、产品质量等原因故障，当直流电源故障时，系统会出现上位机无数据显示、功能模块无法运行等情况，此时需判断电源是否正常工作，故障电源需及时更换。

【故障案例 36】 联合站部分上位机数据不显示

系统类别：AB Logix5562。

故障现象：该站上位机数据显示异常，部分数据不显示。

解决过程：

由于上位机不显示的数据数量较多，排除单台仪表或模块个别通道故障，在此基础上再进行分析判断；

第一步，打开控制柜检查 PLC 模块，发现 CPU 和其他 I/O 模块指示灯正常（图 3.6.1）。

图 3.6.1　AB PLC 功能模块

第二步，检查给现场供电的 24V 电源，发现电源指示灯闪烁，非正常工作（图 3.6.2）。

图 3.6.2　24V 电源指示灯闪烁

第三步，使用万用表测量其输入电压正常，输出电压为 0，所以判断 24V 电源故障，更换后系统恢复正常（图 3.6.3）。

图 3.6.3　万用表测量

【故障案例 37】 转油站上位机数据显示异常

系统类别：AB Logix1769-L35E。

故障现象：该站上位机无数据显示，UPS 报警，PLC 无电。

解决过程：

第一步，检查 PLC 控制柜供电电源，发现 220V 供电端子排断电（图 3.6.4）。

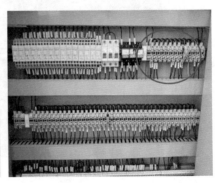

图 3.6.4　1TS 电源端子排

第二步，继续检查发现该控制柜由 UPS 进行供电。UPS 输入电源正常，UPS 输出无电压，UPS 报警灯闪烁（图 3.6.5）。

图 3.6.5　UPS

第三步，长按报警消除按钮至 UPS 报警声消除，报警灯不再闪烁并将其断电重启后 PLC 电源供电恢复正常，计算机数据恢复正常（图 3.6.6）。

图 3.6.6　UPS 操作板

【故障案例 38】　注入站上位机部分数据无显示

系统类别：OPTO SNAP–PAC–EB1。

故障现象：该站上位机部分数据无显示。

解决过程：

第一步，检查控制柜内 PLC 模块工作情况，发现一组模块指示灯不亮，初步判断为系统供电出现异常（图 3.6.7）。

图 3.6.7　OPTO 功能模块

第二步，检查 PLC 220V 供电情况，供电正常［图 3.6.8（a）］。

第三步，判断可能为直流电源模块故障，将直流电源断电复位，重新送电后［图 3.6.8（b）］，各个功能模块恢复正常工作，上位机数据显示恢复正常。

（a）　　　　　　　　　　（b）

图 3.6.8　电源端子（a）和电源开关（b）

【故障案例 39】 转油站上位机数据时有时无，无法实现远程控制

系统类别：AB Logix1769–L35E。

故障现象：该站上位机数据时有时无，无法实现远程控制。

解决过程：

第一步，检查该站计算机与 PLC 控制柜内网线连接情况，打开电脑桌面开始菜单，如图 3.6.9 所示，输入 ping 命令，显示网络连接正常。

图 3.6.9　ping PLC IP 地址

第二步，检查 PLC 模块工作情况，发现模块工作指示灯均正常，断开 PLC 模块电源，并重新送电发现 CPU 工作指示灯中 I/O 指示灯熄灭，RUN 指示灯闪烁，说明系统内程序未正常运行，初步诊断 CPU 内部程序丢失（图 3.6.10）。

图 3.6.10　I/O 指示灯

第三步，利用 Logix 5000 程序将 PLC 程序重新载入后 I/O 口指示灯及 RUN 口指示灯恢复正常，但计算机与 PLC 通信的 RSLink 软件显示该组 PLC 模块反复断线重连（图 3.6.11）。因该信号 AB PLC 各模块为串联连接，因此怀疑 CPU 与各功能模块间通信出现故障，将各模块间连接插头断开后重连（图 3.6.12），故障仍未消失，判断各模块连接插头无问题，因此怀疑电源模块可能长时间运行后，功率下降，不能满足负载需求。

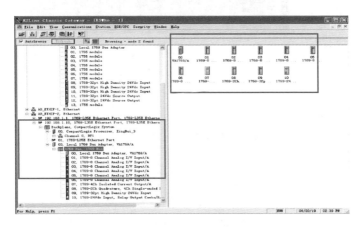

图 3.6.11　RSLink 操作界面

图 3.6.12　I/O 模块连接插头

第四步，将拓展机架上的电源与主机架电源交换后送电（图 3.6.13），故障消失，计算机显示恢复正常。

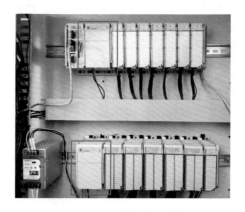

图 3.6.13　替换电源模块

【故障案例 40】 转油站上位机二合一出口温度显示错误

系统类别：ABLogix5571。

故障现象：该站上位机 4 号二合一出口温度显示为 –25℃，与实际不符。

解决过程：

第一步，应用万用表检查现场 4 号二合一出口温度变送器电流输出，利用量程比对公式计算输出电流与现场实际温度值（图 3.6.14），证明现场仪表输出电流正常。

图 3.6.14　测输出电流和实际值

第二步，根据柜内安全栅接线原理图，检查 4 号二合一出口温度对应安全栅输入输出电流，信号线输入输出电流均与仪表发出的电流值相同，均正常。

第三步，检查上位机程序，查找 4 号二合一出口温度对应点名为 TT342（图 3.6.15）。

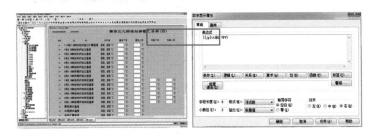

图 3.6.15　上位机程序组态界面

第四步，打开下位机 RX5000 软件，查找 TT342 对应通道为 AI106-14，检查通道输入电流，发现输入电流正常。因此判断 AI 模块通道故障（图 3.6.16）。

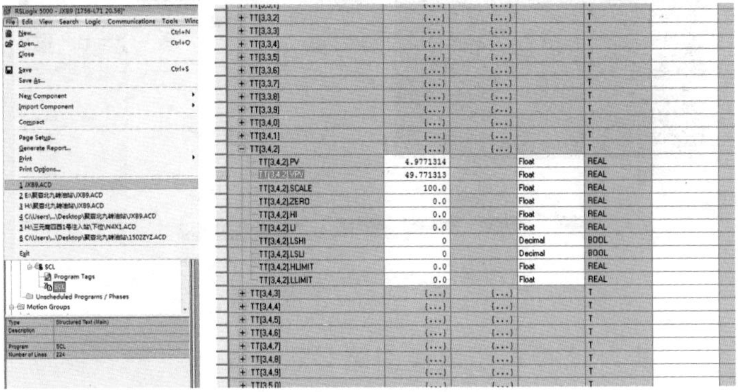

图 3.6.16　下位机数据在线监控界面

第五步，程序内将原通道更换至 AI101-4 通道，并将对应控制电缆重新接线，计算机显示数据恢复正常（图 3.6.17）。

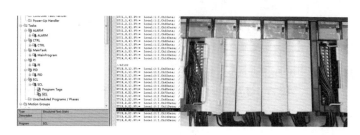

图 3.6.17　修改故障通道

【故障案例 41】　注水站上位机全部数据无显示

系统类别：AB Logix5562。

故障现象：该站注水站上位全部数据无显示。

解决过程：

第一步，应用 ping 命令检查计算机与 PLC 之间网络连接情况，网络连接失败。初步判断为网络故障引起上位机数据无显示（图 3.6.18）。

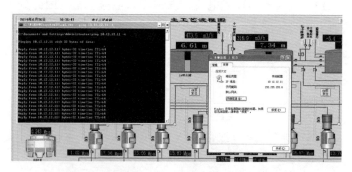

图 3.6.18　应用 ping 命令检查网络连接情况

第二步，检查程序内通信路径设置情况，路径设置正常（图 3.6.19）。

第二步，在计算机桌面开始菜单中，输入 ping+ 计算机自设 IP 地址，应用 ping 命令自查计算机网卡，网卡运行正常（如图 3.6.20）。

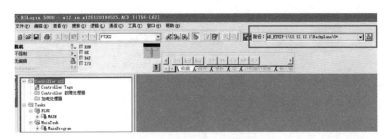

图 3.6.19　检查通信路径设置

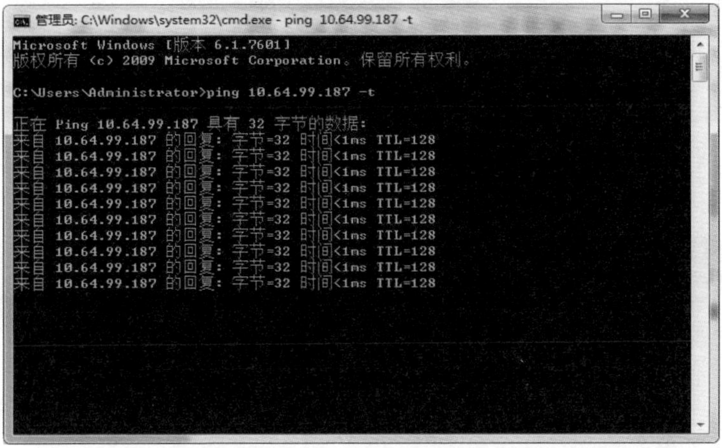

图 3.6.20　用 ping 命令自查计算机网卡

第三步，应用网线核线器检查通信网线（图 3.6.21），网线无异常。

第四步，经上述步骤初步判断该站网络模块故障，更换模块 EN2T-D 并通过 BOOTP-DHCPServer 软件（图 3.6.22），给模块设定 IP 地址为 10.12.12.1（图 3.6.23）。

图 3.6.21　网线核线器

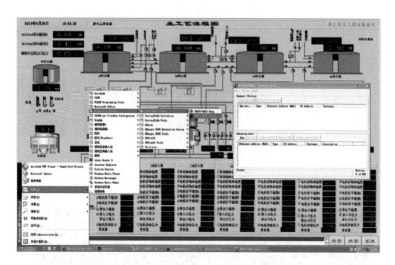

图 3.6.22　BOOTP-DHCPServer 软件界面

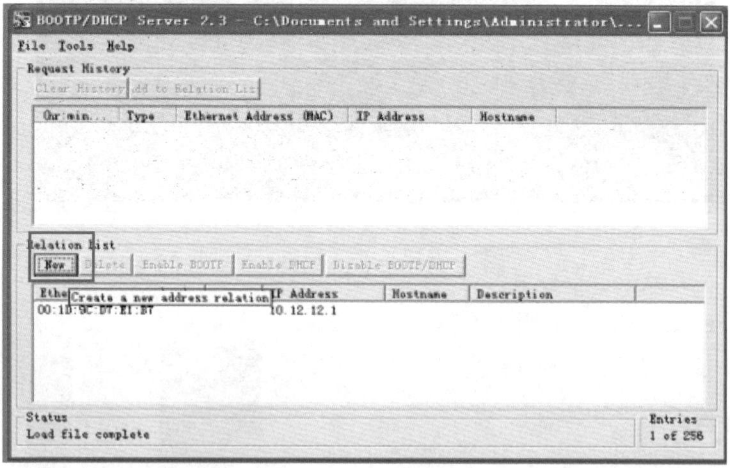

图 3.6.23　设置 IP 地址

第五步，点击 DisableBOOTP，将 IP 地址固化到模块当中（图 3.6.24），若不固化 IP 地址，系统断电后 IP 地址丢失，计算机显示数据恢复正常。

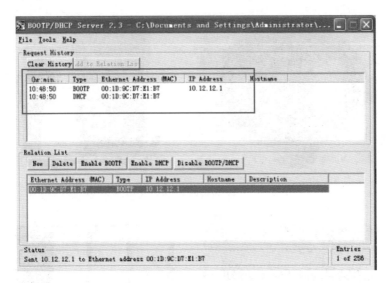

图 3.6.24　固化 IP 地址

【故障案例 42】 转油站上位机外输油流量数据无显示

系统类别：OPTO SNAP–PAC–EB1。

故障现象：该站上位机外输油流量数据无显示。

解决过程：

第一步，查看现场流量计铭牌，确定该流量计输出信号为脉冲信号。

第二步，检查外输油流量计接线端子，发现接线方式正确，应用万用表测量脉冲数输出电压超过 6V，由于模块接收最低输入电压为 6V，所以脉冲输出信号正常（图 3.6.25）。

第三步，查找线路，根据接线标志找出该流量计对应功能模块，检查控制柜功能模块运行情况（图 3.6.26），发现模块工作指示灯熄灭，重新连接该模块，发现工作脉冲通道指示灯重新亮起，计算机显示数值，但上位机显示的数值与现场流量计显示数值不一致。

图 3.6.25　测量外输油流量计接线端子电压

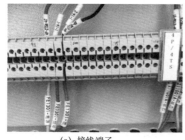

(a) 接线端子　　　　　　　　　(b) 功能模块

图 3.6.26　模块运行情况

第四步，修改程序脉冲当量与流量计铭牌一致后数值显示正常。

（1）打开组态软件，选中对应程序，找出该流量计瞬时流量值的对应变量点名为 FE1301_shunshi.pv（图 3.6.27）。

（2）根据变量点名在数据库中找出下位机程序中对应的连接通道（图 3.6.28）。

（3）打开下位机 PACControlPro9.0 软件，打开对应的下位机程序，在 Config 模式下，点开 Charts 中 FE1301_MC 程序标签（图 3.6.29）。

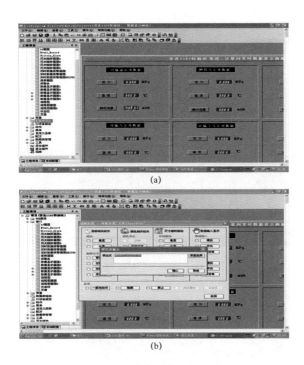

(a)

(b)

图 3.6.27　确定上位机变量点名

图 3.6.28　连接通道查找

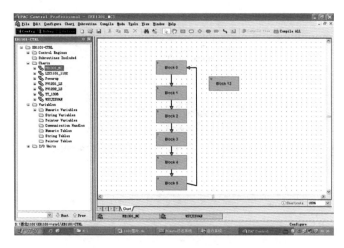

图 3.6.29　FE1301_MC 程序标签

（4）依次查找对应程序块，点开对应程序块并在程序块中双击程序（图 3.6.30），重新定义量程为 10000 个脉冲为 10L 流量（图 3.6.31）。

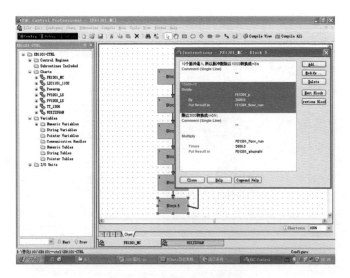

图 3.6.30　下位机计算程序

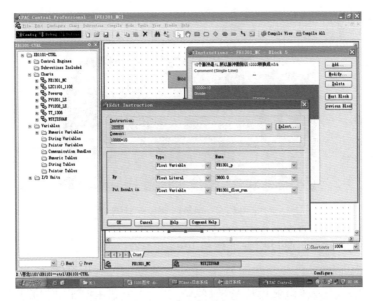

图 3.6.31　设置比对量程

【故障案例 43】　注入站上位机显示数据不全

系统类别：AB Logix5572。

故障现象：该站上位机显示数据不全，第 24 号至第 32 号泵出口与入口压力均不显示。

解决过程：

第一步，检查网络连接情况，上位机显示网络连接正常（图 3.6.32）。

图 3.6.32　查看网络连接

第二步，检查现场仪表，未显示数据，表明无 24V 电源供电（图 3.6.33）。

图 3.6.33　现场压力表无显示

第三步，通过检查上位机 RSLogix5000 软件程序，查出与现场相匹配的 PLC 控制柜与 AI 模块，为第四控制柜第四 AI 模块，检查柜内直流电源模块指示灯不亮，发现其供电端子排保险烧断（图 3.6.34）。

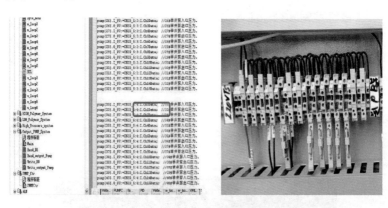

图 3.6.34　下位机模块配置及电源端子排

第四步，更换 24V 电源保险后，电源模块正常工作，上位机数据正常显示（图 3.6.35）。

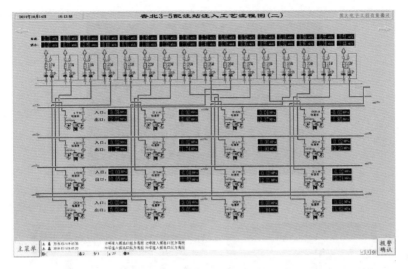

图 3.6.35　上位机监控界面（二）

【故障案例 44】 注入站所有流量计数据不显示，无法自动调节

系统类别：AB Logix5572。

故障现象：全部流量计数据不显示，母液瞬时流量无法自动调节。

解决过程：

第一步，打开 RSLinx 软件，查看 Modbus 模块连接情况，发现模块未连接。利用计算机 ping 命令检查模块通信情况，发现计算机与 Modbus 模块无法通信（图 3.6.36）。

第二步，检查控制柜内 Modbus 模块指示灯，发现指示灯状态异常，检查模块供电电源，发现电压在 16～24V 之间波动，模块供电异常（图 3.6.37）。

第三步，更换 24V 电源，6 台 Modbus 模块中的 5 台恢复正常（图 3.6.38）。

图 3.6.36　用 ping 命令检查模块通信情况

(a) Modbus通信模块

(b) 电源模块测量

图 3.6.37　模块测量

(a) 电源模块

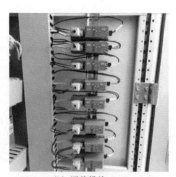

(b) 通信模块

图 3.6.38　更换电源

第四步，检查未恢复正常的 Modbus 模块接线，发现存在虚接，重新连接后恢复正常，全部流量计数据显示及流量调节恢复正常（图 3.6.39）。

图 3.6.39 模块网络接口

【**故障案例 45**】 注入站上位机部分泵入口、出口压力值显示为 0

系统类别：GE CPU315。

故障现象：13–16# 井和 25–28# 井注入泵出口与入口压力为 0。

解决过程：

第一步，检查现场控制柜内信号输入情况，发现安全栅输入信号正常，无信号输出（图 3.6.40）。

图 3.6.40 安全栅输入信号测量

第二步，更换安全栅后故障仍然存在，检查安全栅供电情况，发现 24V 电源供电电压为 22V，低于安全栅正常工作要求（图 3.6.41）。

(a) 24V电源测量　　　　　　　(b) PLC电源模块测量

图 3.6.41　电源供电电压

第三步，更换新 24V 电源后安全栅信号传输恢复正常，上位机显示恢复正常。

【故障案例 46】　污水站触控屏无显示

系统类别：SIEMENS S7–300。

故障现象：该站触控屏黑屏，触控无响应。

解决过程：

第一步，检查 220V 供电情况，发现供电正常，检测 220V 供电电压（图 3.6.42）。

(a) 电动阀配电柜　　　　　　(b) 万用表

图 3.6.42　供电情况

第二步，检查24V电源，有输入电压，无输出电压，判断24V电源模块损坏，检测24V电源（图3.6.43）。

图 3.6.43　电源模块

第三步，更换电源模块后触控屏恢复正常（图3.6.44）。

图 3.6.44　触控屏

【故障案例47】　联合站上位机全部数据均显示为负数

系统类别：AB Logix5555。

故障现象：联合站上位机全部数据均显示为负数，与现场仪表数值不符。

解决过程：

第一步，检查控制柜 PLC 工作情况，PLC 工作状态正常，但安全栅工作指示灯暗淡，如图 3.6.45 所示检查控制框内安全栅运行情况。

图 3.6.45　检查控制柜内安全栅状态

第二步，检查安全栅 24V 电源供电情况，发现 24V 电源输出电压只有 3V，测量输出电压（图 3.6.46）。

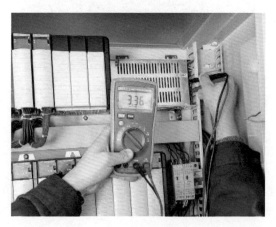

图 3.6.46　检测电源输出电压

第三步，测量 24V 电源输入电压，发现电压正常，检查发现 24V 电源输出线虚接，将 24V 电源输出侧端子接线断开重连后电压恢复正常，安全栅工作指示灯恢复正常，上位机数据显示恢复正常。

3.7 配电器和安全栅故障案例分析

配电器和安全栅等附属设备是测控系统基本组成，它即给现场仪表提供电源，同时给 PLC 系统提供信号，当配电器故障时，都是单个信号故障，此类故障易判断，一般以更换配电器方式解决。

【故障案例 48】 联合站上位机阀位反馈显示错误

系统类别：AB Logix5562。

故障现象：该站中控室上位机老化油出口气动阀开度显示错误，显示为 –24.9%，与现场不符。

解决过程：

第一步，现场检查老化油出口气动阀接线情况，应用万用表测量气动阀开度反馈电流，无反馈电流（图 3.7.1）。

图 3.7.1　接线图测量值

第二步，在中央控制室 PLC 控制柜内查找到老化油出口气动阀反馈信号线 PV205（图 3.7.2），继续检查接线，无虚接现象。

图 3.7.2　反馈信号线线标

第三步，根据线标，检查对应配电器使用情况，测量配电器输出电压偏低（图 3.7.3），更换配电器后上位机显示老化油出口气动阀开度显示恢复正常。

图 3.7.3　测量输出电压

【故障案例 49】 注入泵单井进口压力值无显示

系统类别：AB Logix5572。

故障现象：该站上位机 53 号注入泵进口压力值无显示。

解决过程：

第一步，检查 53 号注入泵进口现场压力变送器接线情况，无虚接现象（图 3.7.4）。

图 3.7.4　观察仪表外观与接线情况

第二步，测量现场变送器输出电流为 18mA。经量程比对公式计算，与现场实际值相符，仪表信号输出正常。

第三步，根据接线标志，查找 53 号注入泵进口压力变送器对应的安全栅，测量其输入与输出电流，输入电流与现场仪表输出电流相同，但无输出电流（图 3.7.5）。

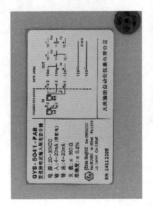

图 3.7.5　测量输入与输出电流

第四步，根据安全栅输出信号线的接线标志，检查安全栅到 AI 模块线路，利用万用表进行检测（图 3.7.6），线路导通正常，因此判断安全栅信号输出故障，更换安全栅后系统恢复正常。

图 3.7.6 标校安全栅到模块线路

【故障案例50】 转油站现场温度显示与上位机不符

系统类别：AB Logix5562。

故障现象：转油站热洗汇管现场温度显示与计算机不符。

解决过程：

第一步，检查现场仪表显示与输出电流均正常（图 3.7.7）。

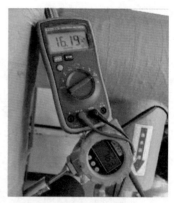

图 3.7.7 测量仪表电流信号

第二步，打开 PLC 应用程序查找该信号所对应模块，发现该输入信号为第二模块第 10 通道（图 3.7.8）。

第三步，通过该通道接线检查该回路中的相应电器，发现安全栅输出数值错误，因此判断为安全栅故障，更换安全栅后数值显示恢复正常。

图 3.7.8　下位机查找通道

【故障案例 51】　上位机压力参数数值波动大

系统类别：AB Logix5562。

故障现象：上位机压力检测参数数值波动大，波动幅度超过1MPa。

解决过程：

第一步，检查现场压力变送器输入电压及输出电流均正常，排除现场一次表故障。

第二步，打开上位机软件，找出该泵出口压力对应程序点名，根据点名查找下位机程序内对应的模块和通道，根据通道线路，检查对应的配电器，发现其输出电流有波动，重新断电复位后，电流稳定，显示恢复正常（图 3.7.9 和图 3.7.10）。

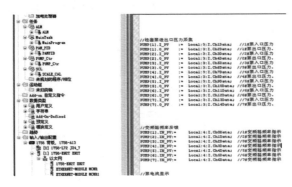

图 3.7.9　下位机查找模块及通道

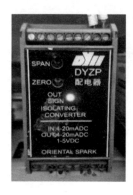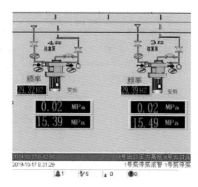

图 3.7.10　检查配电器输出

3.8　接线故障案例分析

接线故障一般都是在系统维护后可能发生，例如更换电动阀、更换模块等，也有可能是接线端子脱落、虚接等，此类故障不易判断，查找困难，需要维护人员认真查找整个回路，并进行测试才能完成。

【故障案例 52】　污水反冲洗系统电动阀不能远程控制

系统类别：AB 1769–L35E。

故障现象：该站 6 号滤罐进口电动阀不能远程控制，无法反冲洗。

解决过程：

第一步，应用 logix 5000 软件打开反冲洗程序。

第二步，检查 PLC 程序，发现进口阀的关反馈信号未传入 PLC（图 3.8.1），由于程序联锁保护，不能远程打开电动阀。

第三步，在 PLC 程序中直接输出命令控制电动阀开、关（图 3.8.2），阀门能够正常动作，确定阀位反馈输入信号故障，在阀位反馈异常时，程序无法远程控制电动阀。

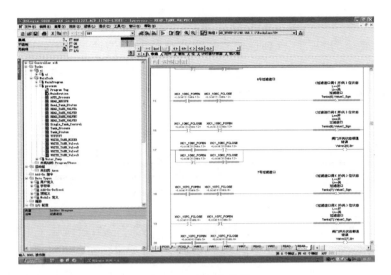

图 3.8.1　下位机程序界面

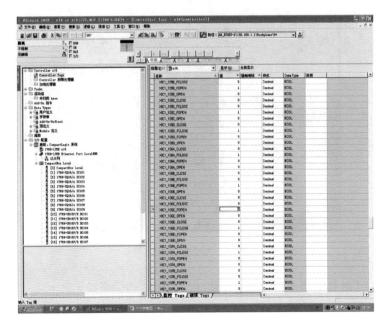

图 3.8.2　手动输入命令

第四步，通过 PLC 程序查找到电动阀的关阀状态信号反馈通道为 Local3：1.Data.12，开阀状态信号反馈通道为 Local3：1.Data.13，代表第 3 模块第 12 和第 13 通道（图 3.8.3），DI 模块上该阀的开关状态指示灯均不亮。

图 3.8.3　确定开关阀反馈通道

第五步，查找到关阀反馈信号接入端子，测量该端子电压（图 3.8.4），时有时无，故判断该故障为输入信号端子线路虚接引起的。紧固端子螺栓，DI 模块上信号指示灯长亮，程序显示电动阀状态信号恢复正常，可以远程控制电动阀，系统恢复正常。

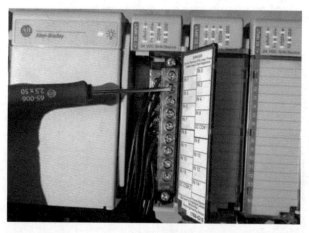

图 3.8.4　模块接线端子

【故障案例 53】　流量计脉冲信号接线错误流量无显示

系统类别：S7-300。

故障现象：该站计算机显示两台外输油流量计无数据。

解决过程：

第一步，测控系统脉冲信号接线原理如图3.8.5所示，首选判断PLC计数模块与上位机的通信及硬件连接是否存在故障（图3.8.6）。检查PLC计数模块的接线端子是否紧固，并利用短接线短接PLC脉冲计数模块对应流量计通道端子，模拟现场脉冲信号，观察发现上位机界面有流量数值（图3.8.7），确定PLC模块无问题。

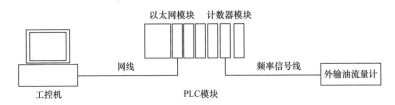

图 3.8.5　测控系统脉冲信号接线原理图

图 3.8.6　PLC 模块接线图　　　图 3.8.7　仪表端子接线图

第二步，检查现场仪表接线，发现脉冲信号线接在端子A上。查找流量计说明书发现该流量计脉冲端子为FOUT，将接线改接入FOUT端子，数据显示正常。

【故障案例54】 污水站罐液位计算机与现场显示不一致

系统类别：AB LOGIX5562。

故障现象：上位机 2 号缓冲罐液位显示为 10.51m，与现场显示相差 1m，现场显示为 9.2m。

解决过程：

第一步，测控系统液位信号连接原理如图 3.8.8 所示，首先测量液位计输出的电流信号值，以判断是否为液位计故障。在现场测量一次表电流为 16.7mA 左右，根据 12m 的量程换算为 9.2m 左右，判断液位计输出信号正确。

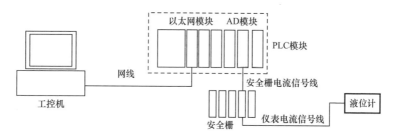

图 3.8.8　测控系统液位信号连接原理图

第二步，在值班室仪表柜内，用万用表测量进、出安全栅信号也为 16.7mA，判断安全栅工作正常（图 3.8.9）。

图 3.8.9　测量安全栅进出电流

第三步，打开上位机软件，查看量程设置没有错误。打开 Logix5000 在线测试，观察到 PLC 直接采集出来的该量 EN2T2：8：I.Ch2Date 为 17.58mA（图 3.8.10）。由此判断为 PLCAD 采集模块通道外部线路或者内部采集通道故障。

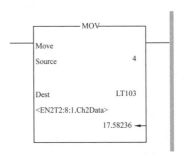

图 3.8.10　PLC 采集数值

第四步，继续查找对应线路，并紧固对应信号接线端子后，发现计算机内该数值变为 16.7mA，界面显示液位也变为 9.2m，恢复正常。这是由于接线端子接触不良，接触电阻增大，使 AD 模块内部采样电位升高，造成的数据采集不准确。

图 3.8.11　仪表接线端子

【故障案例 55】　注水站控制系统注水泵轴承温度显示为零

系统类别：AB Logix5562。

故障现象：3 号注水泵，泵轴承温度显示为零。

解决过程：

第一步，检查现场控制柜，观察 CPU 运行情况，CPU 工作情况正常。

第二步，检查现场仪表电路，发现有虚接情况，紧固接线后恢复正常（图 3.8.11）。

【故障案例 56】　污水站阀门状态显示错误

系统类别：SunyTech TDCS。

故障现象：该站 6 号滤罐出口阀门无开反馈信号，阀门开到位上位机不显示"开"状态。

解决过程：

第一步，检查 6 号滤罐出口开状态反馈通道状态，调整反馈接线到已知完好通道端子，但仍然不能显示开状态。

第二步，检查电动阀现场接线箱线路，发现电动阀维修后，接错反馈信号线，引起该故障，调整信号线后恢复正常（图 3.8.12）。

图 3.8.12　电动阀接线端子

【故障案例 57】　天然气计量系统瞬时量显示超限

系统类别：SIEMENS S7–300。

故障现象：自耗气瞬时量过大。

解决过程：

第一步，检查系统，差压变送器数值显示为满量程。

第二步，检查一次表无 24V 电源。

第三步，检查控制柜内安全栅供电正常，检查压差变送器接线回路，一次表到室外接线箱线路虚接，紧固后恢复正常（图 3.8.13）。

图 3.8.13　接线箱接线端子

【故障案例 58】　污水站滤罐阀位反馈无显示

系统类别：AB Logix5555。

故障现象：该站 21 号滤罐，滤进电动阀关状态反馈无显示。

解决过程：

第一步，检查现场电动阀工作状态正常，本地操作，远程操作均正常，但上位机无关状态显示（图 3.8.14）。

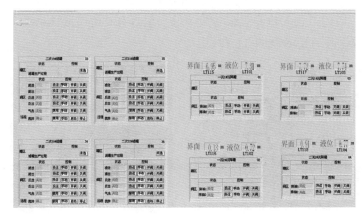

图 3.8.14　反洗操作界面（二）

第二步，检查PLC控制柜内信号反馈电路，发现其信号电缆未接入端子排，重新连接后，恢复正常（图3.8.15）。

图 3.8.15　接线端子排

【故障案例59】　注入站流量计上位机无数据显示

系统类别：GE IC695。

故障现象：该站现场42台流量计采用Modbus采集实时数据，上位机共21台流量计无数据显示。

解决过程：

第一步，通过现场检查发现进控制室总线由三根总线汇总的，应用万用表检测三根总线中的一根带有9台流量计总线电压异常（图3.8.16和图3.8.17）。

图 3.8.16　水流量调节器

图 3.8.17　总线接线盒

第二步，逐一检查9台流量计的信号传输，发现其中一台流量计内部信号电缆绝缘层被表盖磨破导致短路（图3.8.18）。

第三步，用绝缘胶带将破损部分包裹与表盖隔离，流量计显示恢复正常。

图3.8.18　表壳电缆短接

【故障案例60】 注入站水流量计接线端子虚接故障

系统类别：AB Logix5572。

故障现象：该站58号水流量计累计流量为零。

解决过程：

第一步，在控制柜内应用万用表检查流量计供电安全栅，检测电压正常，电流为0。

第一步，检查58号流量计表头，发现表头内电流接线端子虚接，将端子重新接线后数据显示恢复正常（图3.8.19）。

图3.8.19　流量计接线端子

【故障案例61】 变频器启动控制端子虚接故障

系统类别：SunyTech TDCS。

故障现象：该站 3 号泵变频器远程控制失灵。

解决过程：

第一步，在上位机控制 3 号变频器远程启动，无法启动变频器（图 3.8.20）。

图 3.8.20　变频器启停操作界面

第二步，用万用表测量 3 号变频现场接线端子电压，发现没有接收到 24V 启动控制信号（图 3.8.21）。

图 3.8.21　检查接线端子

第三步，检查 PLC 控制柜对应 3 号泵变频启动回路，发现 PLC 对应回路输出信号正常（图 3.8.22）。

图 3.8.22　输出继电器接线端子

第四步，在 PLC 控制柜内，检查 PLC 控制信号输出回路接线发现在端子排上的接线端子有虚接情况，将接线端子重新紧固后变频器远程控制恢复正常。

【故障案例 62】　注入泵变频器无法远程控制

系统类别：AB Logix5571。

故障现象：注入泵变频器无法远程控制，只能本地操作。

解决过程：

第一步，检查现场变频器柜内线路，信号端子接线正常，无虚接、错接情况（图 3.8.23）。

图 3.8.23　变频器内接线端子

第二步，检查端子排 220V 电源接线发现有虚接情况，将 220V 电源接线紧固后，恢复正常（图 3.8.24）。

图 3.8.24　电源端子

【故障案例 63】　外输油流量计显示数值不正确

系统类别：AB Logix5562。

故障现象：外输油流量计显示数值不正确。

解决过程：

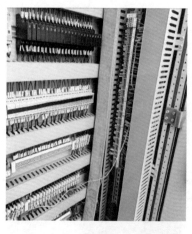

图 3.8.25　控制柜内部配置图

第一步，检查现场外输油流量计光电脉冲转换器接线及电压情况，确认接线正确、电压正常。

第二步，检查计算机内量程设置情况，确认设置正确。

第三步，检查控制柜内接线情况，发现脉冲接线电源负极与控制柜公共地之间有电压差，将负极与公共地连接屏蔽回路干扰后，流量计数值显示恢复正常（图 3.8.25）。

【故障案例64】 注入站上位机水流量计流量显示为0

系统类别：AB Logix5572。

故障现象：该站上位机42号水流量计的瞬时流量、累积流量读数均为0。

解决过程：

第一步，检查42号水流量计运行情况，发现其正常运行，无失电、虚接情况（图3.8.26）。

第二步，检查总线分配器处接线情况（图3.8.27），发现接线正常。

第三步，在接线正常情况下，预估分线器到仪表接线电缆有断路情况，应用万用表检查电缆发现仪表负极与分线器处于断路状态（图3.8.28）。因此判断总线分配器到流量计处电缆断，更换备用电缆后显示恢复正常。

图 3.8.26　流量计显示屏

图 3.8.27　总线分配器接线正常

图 3.8.28　线路通断检测

【故障案例 65】 联合站污水反冲洗流量上位机不显示

系统类别：AB Logix5562。

故障现象：该站中控室三元污水反冲洗流量上位机不显示。

解决过程：

第一步，检查现场流量计供电情况，供电正常，现场流量计正常显示。

第二步，检查该流量计信号线路连接情况，流量计后盖内接线正常，由于该流量计数据采用 Modbus 协议采集，检查总线分配器内接线情况，发现总线分配器接线盒内有线路虚接现象（图 3.8.29）。

图 3.8.29　总线分配器内有线路虚接现象

第三步，紧固线路后，上位机显示正常。

【故障案例 66】 注入站上位机部分变频器频率值无显示

系统类别：AB Logix5571。

故障现象：该站控制室上位机 30–38 号变频器频率值显示为 0。

解决过程：

第一步，打开 RS5000 下位机程序，发现 30 号至 38 号变频输入为 0，判断为无输入信号（图 3.8.30）。

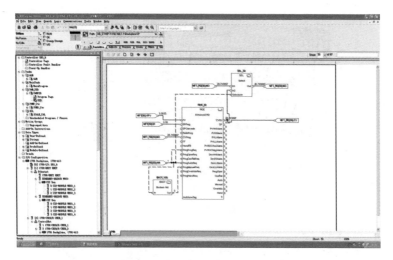

图 3.8.30　下位机程序界面（六）

第二步，打开 PLC 控制柜，发现一组安全栅指示灯不亮（图 3.8.31）。

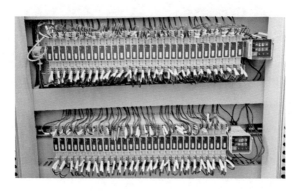

图 3.8.31　安全栅指示灯不亮

第三步，检查安全栅供电线路，发现 2TS（24V）端子排电压为 0（图 3.8.32）。

第三步，检查发现 24V 供电端子有虚接情况，紧固接线端子后系统恢复正常。

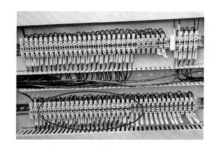

图 3.8.32　测量电路电压发现 2TS（24V）端子排电压为 0

3.9　传感器及仪表故障案例分析

此类故障一般表现为单路信号显示错误，主要检查一次仪表及安全栅接线回路电压及电流信号，根据检查结果判断故障部位，可以快速解决故障。

【故障案例 67】　注水站低水压无报警信号

系统类别：AB Logix5561。

故障现象：注水泵低水压设有联锁保护，当低水压时电接点压力表发出信号传送至电力配电柜，该站注水站低水压时电力配电柜内无报警信号。

解决过程：

第一步，根据压力表信号报警系统原理（图 3.9.1），PLC 仪表控制系统有报警信号，而配电盘一路无报警，判断为压力表电接点输出信号回路出现故障。

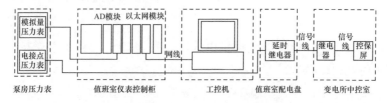

图 3.9.1　压力表信号报警系统连接原理图

第二步，检查控制柜到电力盘低水压继电器，发现继电器不动作，用万用表测量低水压信号接线端子（图 3.9.2），信号不通，说明现场仪表未动作。

电力柜低水平
信号接线端子

图 3.9.2　低水压信号接线端子

第三步，检查现场低压报警压力表内部接线端子（图 3.9.3），发现电接点压力表归零后接线端子不导通，说明 A 报警回路故障。更换电接点压力表备用信号报警接线端子回路 B 回路，发现导通正常，电力盘低水压报警正常。

更换备用信号
报警接线端子

图 3.9.3　电接点压力表及报警接线端子

【故障案例 68】　注水站注水电动机入口压力不报警

系统类别：仪表系统。

故障现象：现场检测注水站机入口压力低水压时，压力不报警，而压力表是新安装的电接压力表。

解决过程：

第一步，检查现场仪表，注水电动机来水入口压力安装的仪表为数字电接点压力表（图3.9.4），现场检查发现当注水电动机入口压力为0时，1号、2号和3号注水电动机入口压力表盘面红色报警灯亮，但控制室未接收到低水压报警信号。应用万用表检查表后接线端子K1常开触点，发现该触点未闭合，由于触点未闭合，报警信号未发出（图3.9.5）。

图3.9.4　数字电接点压力表　　图3.9.5　电接点压力表接线端子

图3.9.6　配电器

第二步，检查仪表供电直流电源，发现电压为7V，拆掉1个电源接线端子测量电源电压，发现电压为24V（图3.9.6）。该型号仪表最低工作电压为20V，工作电流为100mA左右，因此判断该表电源供电方式不满足仪表要求。

第三步，检查供电设备，发现该仪表由配电器进行供电，由于配电器限制供电最大电流为30mA，供电电压低，带载能力不足，不能满足仪表工作需要，为此更改配电柜内仪表供电方式，跳过配电器由2TS直接给仪表供 24V 电源，改变供电方式后，仪表工作正常，能够准确发出报警信号，控制室报警正常。

【故障案例 69】 转油站显示仪表故障

系统类别：TH100 智能光柱指示报警仪。

故障现象：该站 300m³ 缓冲罐液位显示仪表一直在 0.5～0.3m 之间波动（图 3.9.7），上位机显示的该值一直显示为 1.6m。

图 3.9.7　数字显示仪表

解决过程：

第一步，在自控柜中测量输入到液位计中的差压变送器的输出电流为 5.6mA（图 3.9.8）。

图 3.9.8　仪表背面信号端子

第二步，观察工控机中显示缓冲罐的液位值为 1.6m（图 3.9.9）。

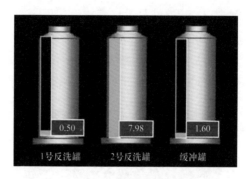

图 3.9.9　上位机缓冲罐液位界面

第三步，差压变送器现场压力值显示为 10.7kPa，量程为 100kPa，根据等比公式换算后，得出二次显示仪表的输入电流正常。

第四步，应用信号发生器给显示仪表输入标准信号，该表不能线性显示仪表数值，判断显示仪表故障，更换仪表后显示正常。

【故障案例 70】 注入站所有流量计无数据显示

系统类别：GE CPU310。

故障现象：该站 1-7 组流量计上位机无数值显示。

解决过程：

第一步，检查计算机及柜内端子接线情况，发现接线情况正常。

第二步，检查现场仪表并将其断电重启，发现部分仪表通信恢复正常。

第三步，检查程序发现未恢复正常的仪表存在故障代码，导致系统长时间对其重复呼叫而无法进行下一步通信，将对应仪表的呼叫时长进行重新设置后，流量显示恢复正常。

【**故障案例 71**】 注入站注入泵出口压力无显示

系统类别：AB Logix5571。

故障现象：该站上位机 18 号泵出口压力变送器显示无读数。

解决过程：

第一步，应用万用表检查值班室内配电柜安全栅无输出电压，即没有给现场仪表供 24V 电输出，判断为安全栅损坏。更换一个完好的安全栅（图 3.9.10）。

图 3.9.10　测量配电柜安全栅电压

第二步，检查现场仪表，现场仪表仍旧没有显示，用万用表测量现场仪表电流输出信号，发现没有电流输出（图 3.9.11），判断为现场仪表故障，更换压力仪表恢复正常。

图 3.9.11　测量现场仪表输出电流

3.10 工控机故障案例分析

工控机使用时间过长，内部元器件老化，使用环境湿度、温度超标，积灰，瞬间大电流或断电都会引起工控机的故障。

【故障案例 72】 中转站工控机无法启动

系统类别：AB Logix5562。

故障现象：该站工控机无法启动。

解决过程：

第一步，拆开工控机检查，检查电源，发现电源无法正常供电，更换主机箱电源后仍无法启动。

第二步，逐次检查硬件，发现为主板故障，更换工控机，将原计算机硬盘数据导入新工控机，运行恢复正常（图 3.10.1）。

工控机主板故障，更换工控机，保留硬盘数据

图 3.10.1 工控机主板故障

【故障案例 73】 转油站工控机无法启动

系统类别：SIEMENS PLC。

故障现象：工控机不能启动。

解决过程：

第一步，接通计算机电源，按下开机按钮，计算机黑屏，风

扇运行，发出报警声音。

第二步，断电后打开机箱检查计算机，拆下内存条，清洁内存条触点（图 3.10.2），将内存条重新安装在主板插槽上。开机后，计算机正常启动，数据显示正常。

图 3.10.2　工控机内存接触故障

【**故障案例 74**】　注入站工控机无法启动

系统类别：GE CPU310。

故障现象：该站工控机启动无响应。

解决过程：

第一步，应用万用表检查 220V 供电情况，发现工控机 220V 供电电压正常。

第二步，打开工控机机箱，检查工控机电源输入输出情况，工控机电源运行正常（图 3.10.3）。

图 3.10.3　工控机电源及 CPU 风扇

第三步，检查 CPU 风扇，发现 CPU 风扇不运行，更换新风扇后工控机正常启动，系统恢复正常。

3.11 通信网络系统故障案例分析

通信及网络受外部干扰的可能性大，外部环境是造成通信外部设备故障的最大因素之一。在空气温度变化、湿度变化的影响下，网线的塑料老化、接触点的氧化等都是系统总线损耗的原因。

【故障案例 75】 联合站上位机数据无显示

系统类别：SIEMENS S7–300。

故障现象：该站上位机显示均无数据。

解决过程：

第一步，检查 PLC 模块指示灯发现 PLC 模块工作正常，用计算机与 PLC 进行通信测试，发现无法通信（图 3.11.1）。

图 3.11.1 ping 命令（计算机与 PLC 进行通信测试）

第二步，检查路由器工作状态，发现路由器工作指示灯状态异常，将其断电重启后，数据通信恢复正常（图 3.11.2）。

图 3.11.2　检查路由器工作状态

【故障案例 76】 转油站上位机数据系统无数据

系统类别：OPTOSNAP-PAC-EB1。

故障现象：该站上位机数据系统无数据。

解决过程：

第一步，检查现检查 PLC 控制柜，观察 PLC 模块均运行正常。

第二步，检查路由器工作情况，发现路由器运行正常。

第三步，检查该系统计算机，发现计算机网络通信断开（图 3.11.3），检查计算机 IP 地址设置，发现 IP 地址设置无误。

图 3.11.3　计算机右下角显示无网络接入

第四步，检查 PLC 控制柜内通信模块，发现通信模块指示灯工作正常，PLC 工作正常。

第五步，检查计算机网络接口，发现网络接口指示灯熄灭。因此判断网络接线存在故障。

采用临时网线连接工控机与路由器，数据传输正常。重新敷设网线，系统恢复运行。

【故障案例 77】 污水站控制系统无响应或响应延迟

系统类别：SunyTech TDCS。

故障现象：该站操作系统无响应或响应延迟。

解决过程：

第一步，点击计算机开始按钮，输入 CMD，应用 ping 命令（图 3.11.4）测试计算机与 PLC 控制器通信情况，发现通信状态异常。

图 3.11.4　ping 命令测试计算机与 PLC 控制器通信情况

第二步，将控制系统交换机上的网线接头用端口连接器直接连接，计算机与控制系统间通信恢复正常，系统响应恢复正常，因此判断交换机故障。

第三步，更换交换机，系统恢复正常。

【故障案例 78】 天然气计量系统所有数据无读数

系统类别：AB Logix5562。

故障现象：该站天然气计量系统所有数据无读数。

解决过程：打开计算机网络本地连接，点击属性，检查计算机网络连接，发现 IP 地址与 PLC 网络模块 IP 地址不一致，将 IP 地址修改至一致后系统读数恢复正常（图 3.11.5）。

图 3.11.5　本地连接属性界面

【故障案例 79】 网线接头故障

系统类别：OPTO SNAP-PAC-EB1。

故障现象：上位机泵房、计量间数据无显示。

解决过程：

第一步，检查 PLC 控制柜，模块工作指示灯正常。

第二步，检查通信线路，集线器上一根网线端口指示灯闪烁间隔时间较长（图 3.11.6）。判断为网线故障。对网络接头重新紧固后，通信恢复正常，数据显示恢复正常。

图 3.11.6　网线集线器接口指示灯

【故障案例 80】 服务器路径设置错误

系统类别：服务器。

故障现象：该站脱水岗计算机无数据显示。

解决过程：

第一步，应用 ping 命令检查计算机与服务器通信情况，发现通信正常。

第二步，打开 FTView 组态软件，点击 OPC 菜单，检查服务器配置情况，发现服务器无连接路径，重新设置路径并编辑模式运行后恢复正常（图 3.11.7）。

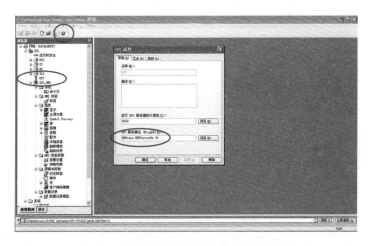

图 3.11.7　FTView 组态软件 OPC 服务器界面

【故障案例 81】 PLC 模块通信故障

系统类别：AB Logix5562。

故障现象：该站上位机全部无数据显示。

解决过程：

第一步，检查控制柜内 PLC 模块运行状态，发现 CPU 运行正常。

第二步，利用计算机 ping 命令测试 PLC 模块网络通信情况，发现无法连接，因此判断为通信故障，重新启动计算机网卡及交换机后计算机数据显示恢复正常。

【故障案例 82】　Modbus 模块故障

系统类别：AB Logix5572。

故障现象：注入站 1 号至 20 号高压配水无流量显示。

解决过程：

第一步，检查 PLC 控制柜，发现两组 Modbus 模块红灯闪烁，未正常工作（图 3.11.8）。

图 3.11.8　Modbus 模块指示灯

第二步，检测 Modbus 通信线，发现 Modbus 模块通信线脱落，将通信线重新连接，数据正常显示。

【故障案例 83】　联合站上位机程序控制无响应

系统类别：SunyTech TDCS。

故障现象：该站上位机控制界面点击启动反冲洗按钮时，反冲洗程序时常无响应，污水反冲洗系统不能自动运行。

解决过程：

第一步，检查现场控制柜，观察 CPU 运行情况，发现 CPU 工作情况正常（图 3.11.9）。

图 3.11.9　TDCS 系统 CPU

第二步，利用计算机 ping 命令测试网络通断情况，发现 IP 地址为 192.192.2.2 及 192.192.2.3 的通信请求超时，存在故障（图 3.11.10）。

图 3.11.10　ping 命令测试网络通断情况

第三步，将此网段断开后查看 192.192.1.2 及 192.192.1.3 的网段通信情况，发现通信正常，命令能够正常发出。

第四步，检查控制柜内与地址为 192.192.2.2 和 192.192.2.3 相匹配的路由器，端口通信异常，更换网线端口后系统恢复正常（图 3.11.11），因此判断路由器通道存在故障。

图 3.11.11　路由器端口

【故障案例 84】　中转站上位机全部数据无显示

系统类别：OPTO SNAP–PS5C6。

故障现象：该站上位机全部数据无显示。

解决过程：

第一步，检查控制柜内 PLC 运行情况发现 PLC 指示灯运行正常（图 3.11.12）。

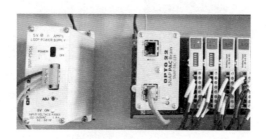

图 3.11.12　PLC 运行指示灯

第二步，检查电源模块输入电压正常，查看上位机网络连接情况，显示网络断开（图 3.11.13）。

图 3.11.13　本地连接网络情况

第三步，检查网线连接 HUB 运行情况，发现其中一个网线端口指示灯熄灭（图 3.11.14）。

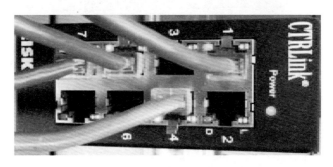

图 3.11.14　HUB 运行状态

第四步，使用校线器检测网线，网线未损坏（图 3.11.15）。

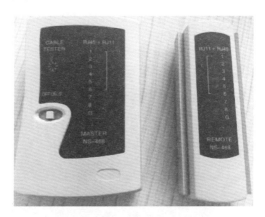

图 3.11.15　用校线器测试网线

第五步，工控机网络接线口和控制柜内 HUB 接线口网线重新插拔测试后，端口指示灯重新亮起，数据传输恢复正常。

【故障案例85】　联合站游离水岗上位机全部数据无显示

系统类别：SIEMENS S7-300。

故障现象：该站游离水岗上位机全部数据无显示。

解决过程：

第一步，检查控制柜内 PLC 工作状态，发现 PLC CPU 及控网模块指示灯闪烁（图 3.11.16）。

图 3.11.16　PLC 运行状态检查

第二步，检查 PLC 主机架与拓展机架之间的通信电缆，发现电缆接口处模式开关选择错误（图 3.11.17）。

第三步，将主机架开关拨至 OFF 状态，拓展机架拨至 ON 状态后，下位机数据通信恢复正常，但上位机仍无数据传输，关闭重启上位机程序后数据显示恢复正常。

图 3.11.17　通信电缆模式选择开关

4 测控系统执行层的故障诊断与维修

原油站场测控系统执行层设备主要为：电动阀、气动阀和变频器三大类。电动阀故障集中在执行机构及控制回路，阀体故障率较低；气动阀故障主要是阀门定位器和控制输出回路等故障；变频器故障有自身故障、外部控制回路故障。

4.1 电动调节阀故障案例分析

【故障案例1】 转油放水站电动阀不动作故障

故障现象：电动调节阀失控。

解决过程：

第一步，调节微动开关位置，重新校紧电动阀刹车机构。

第二步，重新调校量程，电动阀恢复正常（图 4.1.1）。

图 4.1.1 转油放水站电动阀

【故障案例2】 注入站调配罐出口阀门不能远程关闭

系统类别：AB Logix5562。

故障现象：该站二元调配罐出口阀门远程关闭无响应。

解决过程：

第一步，上位机控制该调配罐出口阀门打开，发现开命令执行正常，电动阀能正常打开，但远程控制关闭时，无法关电动阀，现场手动控制可以关闭电动阀，初步判断电动阀自身无故障。

第二步，打开PLC控制柜查看关闭信号时中间继电器状态，发现继电器吸合正常，关命令正常发出。

第三步，检查现场电动阀接线箱内对应控制线路，发现接线正常，信号传输正常。

第四步，打开电动阀阀头端盖，检查内部接线情况，发现关信号接线端子松动，将端子紧固后，电动阀恢复动作，远程关闭恢复正常（图4.1.2）。

图4.1.2 电动阀内部接线图

【故障案例3】 污水站反冲洗阀门状态显示异常

系统类别：AB Logix5562。

故障现象：该站 1 号反冲洗进口阀关闭时计算机显示开、关阀状态同时闪烁。

解决过程：

第一步，现场检查电动阀开关状态反馈触点正常无故障。

第二步，上位机在线检查 PLC 应用程序运行情况，发现程序无逻辑问题。

第三步，检查现场接线箱及控制柜内接线，该阀反馈线共 3 根，其中 1 根为公共正极，另 2 根分别为开、关阀反馈，对比现场接线箱及控制柜内接线发现接线箱内公共正极与关反馈接线接反，调整接线后，该阀开关反馈恢复正常（图 4.1.3）。

图 4.1.3　PLC 控制柜内接线端子

【故障案例 4】 污水反冲洗系统后期排污阀不能远程控制

系统类别：SunyTech TDCS。

故障现象：该站污水反冲洗系统后期排污阀不能远程控制，导致污水反冲洗系统不能自动运行。

解决过程：

第一步，在上位机操作污水反冲洗系统，手动控制后期排污阀打开、关闭，观察对应继电器工作情况，发现继电器不工作，判断该排污阀的控制通道存在问题（图 4.1.4 和图 4.1.5）。

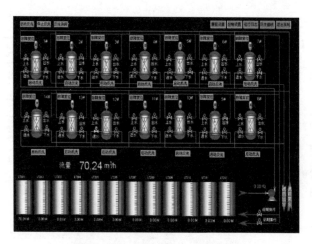

图 4.1.4   后期排污阀操作界面

图 4.1.5   继电器板

第二步，在上位机打开系统开发软件 SunyTech8.0，在程序中将后期排污阀控制输出通道修改为前期排污阀对应通道（图 4.1.6）（前期排污阀经过测试，能够正常远程控制，命令输出通道正常），检测控制程序是过否存在问题。

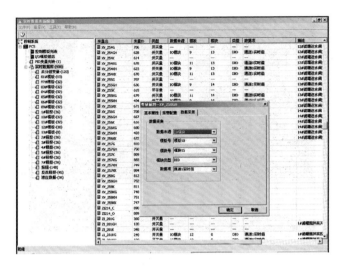

图 4.1.6　更换控制通道

第三步，修改程序并下装（图 4.1.7），运行污水反冲洗系统，手动控制后期排污阀，运行正常，证明控制器程序及对应内部通道正常，判断原后期排污阀控制命令输出通道存在故障。

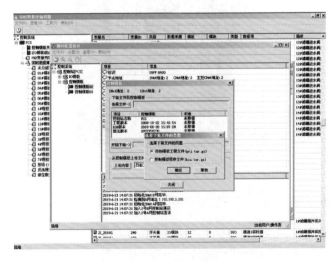

图 4.1.7　程序下载界面

第四步，在系统开发软件 SunyTech8.0 中将后期排污阀控制命令输出通道更换为一个未使用的通道，并将前期排污阀对应通道恢复原样，修改程序并下装，后期排污阀远程控制恢复正常，污水反冲洗系统正常运行。

【故障案例5】 污水站滤罐不能自动反冲洗

系统类别：AB PLC 污水反冲洗系统。

故障现象：污水站污水反冲洗系统，7 号滤罐不能自动反冲洗。

解决过程：

第一步，在上位机污水反冲洗系统中测试 7 号滤罐阀门（打开、关闭各个进出口阀门），相对应的继电器不工作，开关信号未正常输出（图 4.1.8 和图 4.1.9）。

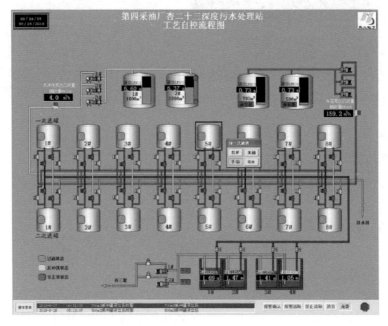

图 4.1.8　反冲洗阀门控制界面

图 4.1.9 继电器

第二步，打开 AB PLC 开发程序 Logix-5000，检查反冲洗系统 PLC 程序，7 号滤罐反冲洗出口阀存在故障报警信息，导致程序不能向下执行。发现反冲洗出口阀门动作时间较长，分析可能是阀门长时间使用后，机械部分老化导致运行缓慢，开关阀门动作时间超过程序预先设置的延迟时间，程序判断阀门故障，导致反冲洗不能进行。在程序中修改 7 号滤罐阀门延迟时间，由 10000ms 改为 50000ms 并保存（图 4.1.10），7 号滤罐能够正常反冲洗。清除报警信息，反冲洗出口阀门恢复正常，其他进出口阀门也可以正常控制。

图 4.1.10 修改滤罐阀门延迟时间

4.2 气动调节阀故障案例分析

【故障案例 6】 转油放水站放水岗气动阀不动作故障

故障现象：气动调节阀阀门定位器进出口压力显示异常，阀门远程无法控制。

解决过程：

第一步，现场检查发现进出口压力表故障，更换两块压力表，重新安装阀门定位器，调整连杆位置，重新调校输入、输出压力。

第二步，安装阀杆，调整阀杆阀芯连接长度，调校调节阀，调校后给定直流电流信号，气动调节阀控制正常（图4.2.1）。

图 4.2.1 转油放水站放水岗气动阀

【故障案例7】 游离水气动调节阀现场开关与控制信号不对应

系统类别：AB Logix5572 AVP 系列阀门定位器。

故障现象：游离水气动阀阀位与实际控制输出不匹配，系统不能正常控制气动阀。

解决过程：

第一步，现场检查气动调节阀供气系统，气压正常，应用信号发生器调节气动阀开关大小，气动阀不能正常响应，开度大小与给定信号不对应，判断阀门定位器内部紊乱。

第二步，利用 AVP 系列阀门定位器（图4.2.2）自整定功能重新标校气动阀，将信号发生器连接到阀门定位器的输入端，给

图 4.2.2 AVP 系列阀门定位器

定信号为直流 18mA。打开定位器的前端盖，按下行程按钮"UP"保持到定位器开始动作（大约 3s）。这时自动整定程序开始运行。阀门将两次从全关到全开的过程，最终停留在 87.5%，整定完成。

第三步，利用信号发生器给定关度值并检查阀门关度，发现阀门开关正常。

【故障案例 8】 游离水气动阀关度无反馈

系统类别：AB Logix5572。

故障现象：某站 3 号游离水气动调节阀远程控制正常，但上位机无关度无数值显示。

解决过程：

第一步，现场检查气调节阀阀门定位器，应用万用表测量输入（IN）端子电流，电流正常，测量输出（OUT）端子电压无，电流无显示，初步判断线路断路或安全栅故障（图 4.2.3）。

图 4.2.3 阀门定位器内部接线端子

第二步，依据图纸查找现场接线箱及 PLC 控制柜接线端子，确认线路连接正常。

第三步，检查安全栅工作情况，安全栅供电正常，用万用表测量安全栅输入端为低电压，确认安全栅故障，更换安全栅后关度反馈恢复正常。

【故障案例 9】 脱水站游离水气动调节阀门阀位振荡

系统类别：AB Logix5562。

故障现象：该站游离水脱除器气动调节阀在自动控制时阀位不停全开全关振荡，不能稳定输出阀门开度。

解决过程：

第一步，现场检查气动调节阀供气回路、电气回路均正常，但气动调节阀全开全关振荡。

第二步，在上位机检查游离脱除器控制界面，发现界面控制平稳，自动控制时输出值不停振荡。

第三步，进入游离水脱除器 PID 控制界面（图 4.2.4）检查 PID 参数设置情况，发现游离水脱除器比例、积分参数设置不合理，在原有参数基础上将比例参数增加 0.5，积分参数设置为 0.05，修改参数后投入自动运行，发现输出振荡减弱，进一步缩小积分数值，并减小死区范围，游离水脱除器输出稳定变化。

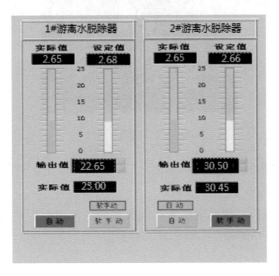

图 4.2.4 游离水脱除器 PID 控制界面

【故障案例 10】 三相分离器气动阀不能远程控制

系统类别：AB Logix5571。

故障现象：三相分离器气动阀无法通过上位机进行远程控制开关。

解决过程：

第一步，在上位机控制阀门打开，在控制柜内测量 AO 模块输出的控制电流，有电流输出，说明控制信号正常。

第二步，检查现场气动阀，压缩气压显示为 0，压缩气阀门未开。打开该阀门，能够远程调节气动阀，运行正常（图 4.2.5）。

图 4.2.5　压缩气阀门

【故障案例 11】 电脱水岗油出口汇管阀门动作缓慢

系统类别：SIEMENS PLC。

故障现象：该站电脱水岗测控系统，油出口汇管阀门打开、关闭时，动作缓慢，不能全开、全关。

解决过程：

第一步，检查电脱水岗油出口汇管气动阀动作情况，发现在上位机控制气动阀开度为 100% 时，气动阀动作缓慢，当接近气动阀最大开度时，气动阀进气压力低，导致该气动阀不能继续动作（图 4.2.6）。

图 4.2.6　旋转螺栓调节气动阀

第二步，调节阀门定位器进气压力，增大进气压力，气动阀动作恢复正常。

4.3　变频器故障案例分析

4.3.1　变频器在测控系统中常见故障案例分析

【故障案例 12】　三元注入站测控系统变频器故障

故障现象：三元注入站测控系统上位机显示 1 号、5 号、14 号、20 号、23 号、26 号、30 号、33 号和 50 号变频器控制值与反馈值偏差过大。

解决过程：

第一步，现场拆除 1 号、5 号、14 号、20 号、23 号、26 号、30 号、33 号和 50 号变频器 AI2 接线端子，应用万用表测量其输入电流值，将该值换算成频率值并与 PLC 输出值对比，发现该电流值正常，PLC 系统输出信号正常。

第二步，重新启动变频器并手动将频率归零后，给定输入信号 12mA，手动调节变频器设定值至 25Hz，将变频器实际频率与给定信号对应用。

第三步，将 PLC 输入信号接入变频器（图 4.3.1），观察变频器运行状态，变频器控制值与反馈值一致，变频器正常工作。

图 4.3.1　变频器（一）

【**故障案例 13**】　中转站测控系统变频器故障

故障现象：中转站上位机 6 号和 7 号泵变频器控制值与反馈值差距过大。

解决过程：

第一步，6 号和 7 号泵变频器频率显示 49.98Hz，现场变频器显示 36Hz。在上位机客户端中将变频器控制由自动控制切换到手动控制，将计算机客户端 6 号和 7 号泵的频率设定值设定到

36Hz，现场将变频器柜上的数值也调到 36Hz。

第二步，观察一段时间后将变频器控制由手动控制切换到自动控制，6 号和 7 号泵变频器工作正常（图 4.3.2）。

图 4.3.2　变频器（二）

【故障案例 14】　污水站变频器故障

故障现象：污水站变频器在长时间运行后，出现偷停现象。

解决过程：

第一步，现场检查变频器内部发现变频器内积灰严重，变频器内部热量无法散出，致使变频器过热保护（图 4.3.3）。

第二步，清理灰尘。增加风扇散热，变频器恢复正常。

图 4.3.3　污水站变频器故障图

【故障案例 15】 联合站原油外输变频器故障

故障现象：变频器过载保护停机故障。

解决过程：

第一步，站内外输管线单流阀损坏，致使变频器负载过大，过载保护（图 4.3.4）。

图 4.3.4 联合站原油外输变频器故障图

第二步，更换单流阀，重新启动变频器，重新设置参数。变频器恢复正常。

【故障案例 16】 注聚及单井变频系统故障

故障现象：变频器过热保护故障。

解决过程：

第一步，启动变频器时发现变频器散热风扇不运行（图 4.3.5）。

第二步，检查风扇发现风扇烧毁导致变频器无法散热，重新更换风扇，变频器恢复正常。

图 4.3.5　注聚站单井变频器运行图

【故障案例 17】 调配站不能远程控制调配泵变频器

系统类别：AB Logix5562。

故障现象：该站 1 号二元 2500 调配罐变频器在远程状态下不能进行正常启停控制操作。

解决过程：

第一步，检查现场变频器控制柜，选择变频器远程控制时发现控制柜远程指示灯闪烁，不能保持常亮状态（图 4.3.6）。

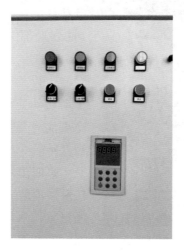

图 4.3.6　变频器控制柜面板

第二步，应用万用表测量远程控制开关触点，发现有虚接情况，当多次选择远程/本地控制时，偶尔远程控制指示灯常亮，此时上位机远程控制变频器可以正常操作，因此判断为远程/本地开关故障，更换开关后变频器控制恢复正常。

【故障案例18】 反冲洗系统变频器无响应

系统类别：AB Logix5572。

故障现象：污水站污水反冲洗程序启动后，在滤罐进出口阀开关结束后，反冲洗泵不能正常启动，PLC远程控制变频器无响应。

解决过程：

第一步，检查PLC控制柜，发现当启动反洗程序时有1个DI模块通道和1个DO模块通道指示灯反复闪烁。

第二步，打开Logix 5000应用程序查找闪烁通道对应的程序功能分别为启动变频器及泵运行状态反馈，选择在线模式对通道进行测试，发现DO通道信号发出正常，无闪烁现象，说明变频器启动信号能正常发出，但泵启动后无运行状态反馈，因此判断故障部位在变频器控制柜。

第三步，检查变频器柜变频器运行状态，发现现场无法手动启动变频器，因此判断故障可能为变频器侧交流接触器吸合异常。

第四步，经拆卸发现交流接触器辅助触点接线端子虚接，经过紧固后启动变频器，变频器运行状态反馈正常，反洗系统恢复运行（图4.3.7）。

图4.3.7　变频器交流接触器

【故障案例 19】 污水站在自动反冲洗时反洗泵不运行

系统类别：AB Logix5555。

故障现象：该站在自动反冲洗时反洗泵不运行。

解决过程：

第一步，检查反冲洗变频器，变频器屏幕显示低电压故障报警（图 4.3.8）。

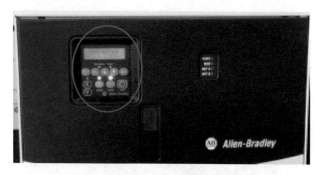

图 4.3.8 变频器调节器

第二步，应用万用表检测变频器供电侧电压，显示供电电压正常，不存在缺相情况和低电压情况，在变频器控制面板手动清除故障并重启变频器。

第三步，选择变频器运行模式为自动运行模式，上位机运行自动反冲洗，变频器正常启动，系统恢复正常。

【故障案例 20】 污水站反冲洗变频器启动 10s 后系统故障

系统类别：SunyTech 8.0。

故障现象：在计算机中启动反冲洗自动运行程序，反冲洗进口、出口阀门打开以后，变频器启动 10s，系统进入故障模式，反冲洗停止运行。

解决过程：

第一步，在上位机打开 SunyTech8.0 应用程序，在线模式监测程序运行状态，结合故障现象发现上位机发出变频启动命令后，变频器正常启动，现场应该返回一个泵已运行状态，实际泵已运行，但是状态没有返回，上位机未接收到泵已启动状态，所以程序保护报出故障。

第二步，现场检查变频器控制柜内交流接触器辅助触头触点，发现交流接触器辅助触头故障，上位机无法接收变频运行状态。

第三步，更换交流接触器辅助触头，反冲洗故障恢复（图4.3.9）。

图 4.3.9　交流接触器辅助触头

【故障案例21】　污水站变频器无法远程控制

系统类别：AB Logix5555。

故障现象：该站上位机变频器显示本地控制，变频器无法由手动转换为自动，现场转换开关由手动转换为自动后，上位机仍显示本地，无法远程启停变频器。

解决过程：

第一步，现场检测手动/自动转换开关，切换后可以实现变频器远程本地控制。

第二步，当现场选择远程控制时，上位机一直显示本地控制，无法远程启停控制变频器，在线检查应用程序发现远程/本地变量一直处于本地显示，远程切换开关，上位机无反应。

第三步，检查PLC控制柜到变频器控制柜信号电缆发现电缆连接正常，无虚接情况。

第四步，应用万用表测量PLC DI模块输入端子电压，当切换手动/自动开关时该接线端子一直处于低电平状态，确定24V供电有问题，测量对应24V供电端子发现熔断器烧毁（图4.3.10）。更换电源端子熔断器后，变频器远程本地控制恢复正常。

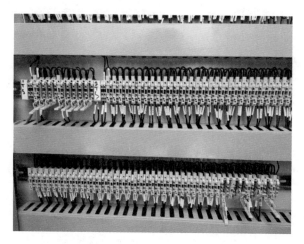

图4.3.10 PLC控制柜24V电源端子

4.3.2 变频器常见故障的快速检修

以下常见故障中不含用户参数设置不当、现场控制系统和负载系统故障而引起的变频器故障。在维修变频器主板时，应尽可能将用户所设定的参数作以记录，维修完毕后再输入，若发现用户有参数设置不当的应将其改正。

此处所列举的故障可能原因及分析，均为统计的结果，不含其他可能原因。若为其他原因，维修人员可根据实际自行斟酌，且文中的故障符号仅作参考，维修时请根据相应品牌的说明书进行判断。

（1）上电无显示。

① 模块整流单元损坏。

解决方法：更换 IGBT。

② CPU 板上电源指示灯亮，但显示面板上无显示。故障的检修集中在 CPU 板和显示板上。可能原因及对策：

a. 显示板坏。

解决方法：用一良好显示板代换。若故障消除，则更换显示板。

b.+3.3V 电源偏低。

解决方法：对 +3.3V 电源生成电路进行检修。多为 U8（TPS7333）坏。若 +5V 偏低，可能为开关电源故障。

c. 复位芯片 U20（IMP809R）坏。

测量方法：用万用表二极管挡测量其 2 脚是否对 GND（1 脚）短路。正常值参考表 4.3.1。

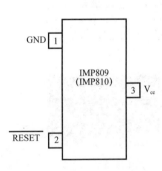

图 4.3.11　IMP809R 结构图

其外形结构图如图 4.3.11 所示。

对策：更换 U20。

表 4.3.1　U20 在路测量阻值参考表

+——红表笔	在路阻值，MΩ
1（+）——2（-）	>6
1（-）——2（+）	>10

d. 晶振 XTAL 坏。

测量方法：用示波器在晶振两端分别对 GND 测量，应为完美正弦波，且频率为 10MHz。对策：更换晶振。测量时示波器要置高阻输入，或加 10∶1 衰减，否则测量时会引起晶体停振，造成误判断。

e. U11（74HC14）损坏。解决方法：更换 U11。

f. DSP 芯片烧坏。

测量方法：若上述 5 种可能的故障原因均已排除，则多为 DSP 烧坏。多表现为其上温度较高。

解决方法：更换 CPU 板。

③ CPU 板上电源指示灯不亮且显示面板上无显示。可能原因及解决方法：

a. 开关电源没工作。

检测方法：用一良好主板，连接其 CPU 板，若有显示，则为主板开关电源故障。若然无显示，则为 CPU 板故障。

解决方法：检修开关电源。

b. CPU 板和主板的连接排线接触不良。解决方法：重新插好排线，确认连接紧密。

c. CPU 板上电源短路。

测量方法：断电后用万用表测量电源正负之间的阻值。解决方法：更换 CPU 板。

（2）上电 P.OFF。

指电源加至正常电压值（380V AC/510V DC），依然显示

P.OFF。可能原因及解决方法：

① CPU 板上电压计算电路故障。

检修方法：用一良好 CPU 板代换，察看是否有相同问题。若无，则可确认为 CPU 板故障。

解决方法：用小型改锥旋动顶端电位器 W1。若故障消失，则对准 DCV 及母线电压并封胶。若故障存在则为其他元器件损坏。根据原理图（图 4.3.12）对其检修，多为 U16（TL084I）损坏。其他原因为主板上电压采样电路故障。

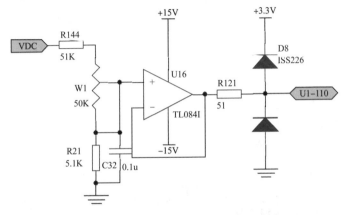

图 4.3.12　CPU 板上电压计算电路原理图

② 主板上电压采样电路故障。其电路中元器件损坏及导致后果见表 4.3.2。

表 4.3.2　主板电压采样电路元器件损坏及导致后果一览表

元器件名称及损坏结果	单件导致后果
D7 开路或短路	
R10，R11 虚焊或烧断	始终显示 P.OFF
C14 漏电流过大	

③ 模块之整流单元某桥臂损坏。

解决方法：更换模块。

④ 主板和 CPU 板之连接排线中 VDC 连线连接不良。

检查方法：用万用表二极管挡测量主板和 CPU 板上 VDC 信号线是否畅通。

（3）上电 OC—1，OL。

① 逆变单元模块短路。

② CPU 板上之电流计算及过流保护电路故障。

检测方法：空载时查看参数 OUTA 是否有较大数值显示。

解决方法：可对芯片 U15，U16（TL084）和 U22（LM393）更换，若无法排除，可更换 CPU 板。

③ 电流检测电阻 R17，R18 虚焊或其烧坏。

解决方法：测量其阻值并补焊或更换。

④ 霍尔输出至 R17，R18 及插座 CN1 上 7，8 脚的等电位点连接不通。

解决方法：用万用表二极管挡测量，并用导线将其连通，导线力求要短并做好绝缘处理。

⑤ 霍尔故障。

检测方法：用万用表测量霍尔阻值及上电后测量其电源（±15V）是否正常。HNC151 霍尔外观结构图如图 4.3.13 所示。

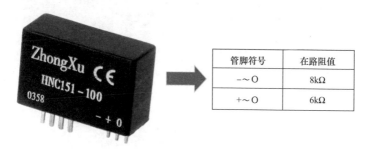

图 4.3.13　HNC151 霍尔外观结构图

解决方法：更换。

（4）加速中 OC-1，OC-2，OL。

将参数初始化后（b36=2 或 3），上电正常，但按下 RUN 键后至频率达到设定值之前的过程中出现的故障代码。

① 模块逆变单元内部短路。表现为：空载时，一按 RUN 键就出现 OC-1。

解决方法：更换 IGBT。

② 驱动短路。

表现为：空载时一按 RUN 键就出现 OC-1。

③ CPU 板故障。多表现为空载运行有电流显示（OUTA）。

解决方法：维修电流检测电路。可对芯片 U15，U16（TL084）和 U22（LM393）更换，若无法排除，可更换 CPU 板。

④ CPU 板上某一路无波形输出。

测试方法：在 CPU 板上插座 CN21（图 4.3.14）上用示波器分别测量 PW1—PW6 和 GND 之间的波形。

解决方法：更换芯片 U4（74HC07：管脚之 1，3，5，9，11和 13 分别为 PWM1—PWM6 的输入口，其 2，4，6，8，10 和 12为输出口），若无法消除，则更换 CPU 板。

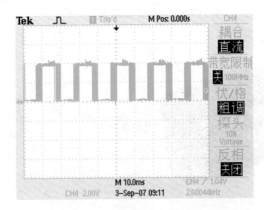

图 4.3.14　CPU 板输出 PWM 波形图

⑤ 电流检测电阻 R17 和 R18 损坏。

解决方法：更换。

⑥ 机型设置错误。

解决方法：打开机型参数，若有误则重新设置机型并初始化。

（5）上电 OE-1。

① PN 上的无感电容 C21 容量下降或虚焊。

检测方法：用电容表测量其容量并焊接牢靠。统计中此故障较少。

② 主板电压采样电路故障。

解决方法：检修主板和 CPU 板，或更换。

③ CPU 板电压计算或保护电路故障。

检测方法：对照电路图检修，多为 U16（TL084）和 U21（LM393）故障。

解决方法：维修或更换。

（6）OH。

① 风机不转或转速过低。

检查方法：和正常风机对照，或用转速测试仪测量。若风机正常，则检查其驱动电路是否有故障。

解决方法：更换风机或检修其驱动电路。

② CPU 板上温度计算电路故障。

检查方法：用一良好 CPU 板代换，查看参数 t℃。

解决方法：对照电路原理图（图 4.3.15）维修。

③ 温度检测输出电路连接不通。

检查方法：用万用表测量图 4.3.15 中的等电位点是否连通。如测量模块温度检测输出端子与插座 CN1 的 TG1 端口连接是否畅通。

解决方法：重新连接好。

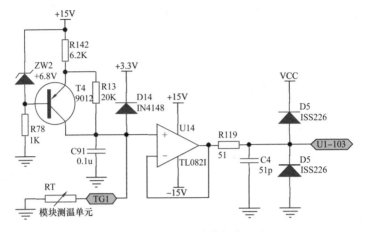

图 4.3.15　温度检测计算电路原理图

④ 模块之温度检测单元故障。

解决方法：更换模块。

（7）频率波动较大。

指参数初始化后，加速或恒速运行过程中出现的频率显示数值反复不定。

① DCV 波动较大。

检修方法：检查参数 DCV 显示，数值是否波动较大。若较大，则检修电压采样电路。

解决方法：对照电路原理图检修。

② CPU 板上电源 +3.3V 波动较大。

检查方法：用示波器观察 +5V、+3.3V—GND 间波形是否平直。若有较多噪声，则更换 C56 后再查。

解决方法：对照原理图检修。

（8）显示 8888 或其他乱码。

① 显示板坏。

测试方法：用良好显示板代换测试。

解决方法：更换显示板。

② 显示板与 CPU 板没有接触好。

解决方法：查看连接插座及插针良好后固定好螺栓。

③ CPU 板坏。

测试方法：用良好 CPU 板代换测试。

解决方法：重新写入程序后查看故障是否消除。若没有，更换 U11（74HC14）并查看故障是否消除，若没有消除，则更换 CPU 板。

（9）按 RUN 键无法启动。

指参数初始化并将 SF（或 SR）和 COM 短接后，按 RUN 键无法启动。显示 0.00，并闪烁。

① 显示面板上 RUN 键坏。

检测方法：用良好操作面板代换检查。

解决方法：更换。

② SF（或 SR）端子接触不好或其电路有故障。

检查方法：查看参数 InPt。是否只有相应端子有信号。

解决方法：根据原理图维修或更换 U9（74AHC245）。

（10）三相电流不平衡。

① 模块之逆变单元坏。

解决方法：更换模块。

② 驱动电路故障。

解决方法：根据原理图维修。

③ CPU 板上某一路无波形输出。

解决方法：根据原理图维修。

④ 某个霍尔损坏。

检测方法：根据霍尔元件的参数测量线圈阻值。

解决方法：更换霍尔 HNC151–100。

（11）继电器提前吸合或不吸合。

检测方法及解决方法：当显示由 P.OFF 变为 0.00 时，主回路软充电继电器有清晰吸合声。若有异常，先单独给继电器之线圈加 24 VDC 电压，听其吸合声音是否清晰响亮，并用万用表测量其常开点是否闭合，若闭合异常则多为继电器损坏。否则对照其驱动电路原理图维修，多为 TR6，TR7 损坏。